Mein großer Kosmos Tieratlas
Tiere von Ameise bis Zwergmaus

Mein großer Kosmos Tieratlas

Tiere von Ameise bis Zwergmaus

Kosmos

Wer? Was? Wo?
Auf den Seiten 206 und 207 gibt es eine Tabelle, in der alle Tiere in diesem Buch vorkommen. Dort kannst du sehen, welches Tier zu welcher Tiergruppe gehört, in welcher Landschaft es lebt und auf welchem Erdteil es zu finden ist.

An einem sonnigen Waldweg, am Stamm einer großen Fichte, haben Tausende von Tieren unermüdlich Nadeln und Zweige zu einem Haufen aufgeschichtet. In dieser großen Nadelburg leben die Roten Waldameisen. Aber der hohe Nadelhaufen ist nur das Dach ihrer Behausung. Die eigentliche Ameisenburg mit ihren weitläufigen Gängen und Kammern reicht fast zwei Meter tief in den Boden. Fleißige Arbeiterinnen haben sie angelegt.

Ein Ameisenvolk ist wie eine große Familie, in der jeder seine Aufgaben hat. Zur großen Ameisenfamilie gehören Arbeiterinnen, Drohnen und eine oder mehrere Königinnen. Arbeiterinnen versorgen als Ammen die Eier, Larven und Puppen. Und sie füttern und pflegen die Königin. Auch im Außendienst werden sie eingesetzt: Sie sammeln Blumensamen, schleppen Beutetiere heran und passen auf, dass keine Feinde in ihre Burg eindringen. Drohnen und Königinnen sind fortpflanzungsfähig und für den Erhalt der Ameisenfamilie zuständig.

Die Ameisenkönigin wohnt in den untersten Erdkammern ihrer großen Nadelburg. Nur einmal in ihrem Leben, an einem sonnigen Tag im Mai, steigt sie nach oben. Dann begibt sie sich auf den Hochzeitsflug. Nach der Paarung wirft sie ihre Flügel ab und krabbelt wieder in die Tiefe. Von nun an legt sie Jahr für Jahr fleißig Eier.

Die Ameise

Lebensraum:	Nadelwälder
Größe:	5 bis 8 mm
Nahrung:	Insekten, Pflanzensamen, süße Pflanzensäfte
Lebenszeit:	Königinnen: 15 bis 20 Jahre, Arbeiterinnen: 2 bis 3 Jahre
Feinde:	Specht, Dachs
Besondere Merkmale:	bespritzen Angreifer mit Ameisensäure
Typisches Verhalten:	legen Duftspuren (Ameisenstraßen)

Ameisen können das Zwanzigfache ihres eigenen Gewichts tragen.

Wusstest du,

dass in einem Ameisenhaufen etwa 800 000 Ameisen leben?

Die Nester der Roten Waldameise liegen immer in der Nähe von Bäumen oder Sträuchern, denn im Geäst machen die Arbeiterinnen Jagd auf Insekten.

Ein Blick in die Brutkammer der Roten Waldameise.

Jedes abgelegte Ei ist kaum größer als ein Sandkorn und wird von Ameisenammen sofort zum Eilager fortgetragen. Nach zehn Tagen schlüpft daraus eine kleine Larve. Diese Larve hat noch keine Augen, keine Fühler und keine Beine. Sie ist noch vollkommen hilflos und wird von den Ammen versorgt und gefüttert. Wenn sie genug gefressen hat, verpuppt sie sich. Für ihre weitere Entwicklung braucht sie viel Wärme. Deshalb wird sie von ihrer Pflegerin aus der Tiefe des Nestes in die oberen Stockwerke der Ameisenburg getragen. Dort ist es wärmer. Mit dem Ende der Puppenruhe beginnt eine junge Ameise ihr Leben.

Wusstest du,

dass Anakondas die größten Schlangen der Welt sind? Die bisher längste maß 14 Meter.

Eine Anakonda schwimmt in einem Fluß. Züngelnd versucht sie Witterung aufzunehmen. ◄

Ein Riesenotter hat einen Fisch gefangen. Er hat aber keine Freude an seiner Beute, denn plötzlich sieht er die Anakonda. Sie scheint auch hungrig zu sein. Wenn er nicht die Flucht ergreift, wird sie ihn fressen. ▼

Die Anakonda

Größe: 9 m lang
Gewicht: 150 kg
Nahrung: Säugetiere, Vögel
Feinde: Jaguar, Krokodile, Kaimane
Besondere Merkmale: haben zwei winzige Hinterbeine, die unter den Schuppen verborgen sind

Auge in Auge stehen sich Anakonda und Riesenotter gegenüber. Wenn der Otter nicht rasch verschwindet, wird die Anakonda angreifen. Sie umschlingt ihr Opfer und quetscht es zu Tode. Die Anakonda hat keine Reißzähne, um ihre Beute zu zerkleinern. Sie kann aber ihren Unterkiefer aushaken und das Maul weit aufreißen. Daher schlingt sie auch größte Brocken in einem Stück herunter. Dabei schwillt ihr Leib mächtig an. Gesättigt zieht sich die Schlange an ein ruhiges Fleckchen zurück und verdaut ihr Mahl. Nicht immer findet die Schlange genügend zu fressen. Dann muß sie monatelang hungern. Um Kräfte zu sparen, bleibt sie fast regungslos liegen.

Anakondas halten sich meist in der Nähe von Flüssen auf. Im Wasser sind sie viel beweglicher als an Land. Sie müssen aber auf der Hut vor Krokodilen sein. Anakondas können die Körperwärme anderer Tiere wahrnehmen. Damit spüren sie ihre Beute auf.

Anakondas bringen lebende Junge zur Welt, oft sind es 30 in einem Wurf. Die kleinen Schlangen sind dann bereits 70 Zentimeter lang.

Der Biber

Lebensraum:	Auwälder an Flüssen und Seen
Größe:	unser größtes Nagetier, etwa 1 m groß und 30 kg schwer
Wohnung:	große Burg aus Stämmen und Ästen
Nahrung:	Wasserpflanzen; Rinde, Zweige und Blätter von Weiden und Pappeln
Feinde:	Luchs, Wolf, Bär; außerdem bedroht durch die Zerstörung seines Lebensraumes
Lebenszeit:	10 bis 15 Jahre
Lebensweise:	Familie

Im Auwald drüben am Fluss wird hart gearbeitet. Da werden Bäume gefällt und stürzen schwer auf die Erde. Man hört Äste knacken, Blätter rascheln und lautes Wassergeplätscher. Oft kehrt erst nach vielen Stunden wieder Ruhe ein. Kannst du dir denken, wer da so fleißig ist?

Zwei Biber wollen sich hier niederlassen. Sie arbeiten an ihrem Wohnhaus. Biber bauen für sich und ihre Familie ein richtiges Wasserschloss mitten in einem Stausee. Als Baumaterial nehmen sie am liebsten das Holz von Weiden und Pappeln. Diese Bäume können Biber allein mit ihren Nagezähnen fällen. Weil sie fleißige und geschickte Arbeiter sind, brauchen sie dazu auch nicht lange. Eine junge Pappel mit einem Stammdurchmesser von etwa 10 Zentimeter legen sie in ein paar Minuten um.

Im Laufe ihrer Bauarbeiten nagen sie viele solcher Bäume durch. Mit den Stämmen und Ästen legen die beiden als erstes einen Damm an. Immer wieder rammen sie dicke Knüppel senkrecht in das Flussbett und füllen die Zwischenräume mit dünneren Ästen, Zweigen und Blättern. Damit der Damm auch wirklich hält, wird er außerdem mit Schlamm und Steinen befestigt. Dazu müssen die Biber oft zum Gewässergrund hinunter tauchen, um undichte Stellen auszubessern. Aber nach vielen Stunden Arbeit ist eine stabile Mauer mitten im Fluss entstanden. Dahinter staut sich nach und nach ein tiefer See.

Mitten in diesem See bauen die beiden Biber ihr Haus. Ein riesiger Haufen aus Ästen und Stämmen ist das Dach. Es ragt hoch aus dem Wasser. Darunter erstreckt sich ein geräumiger Bau mit mehreren Kammern: Vorratskammern, Schlafkammern und Wohnkammern. Die Eingänge zu dieser Höhle liegen alle tief im Wasser. Wer eine Biberfamilie daheim überraschen will, muss gut tauchen können.

Auch im Winter, wenn der See zufriert, sind die Biber in ihrem Wasserschloss gut aufgehoben. Sie können es lange aushalten da unten, denn für ausreichend Nahrung haben sie gesorgt. Alle Weiden- und Pappelzweige, die sie beim Bauen nicht verwenden konnten, haben die schlauen Biber als Futter für Notzeiten vor ihrer Wohnung ins Flussbett gesteckt. So müssen sie nie hungern.

Der Biber ist für das Leben im Wasser bestens gerüstet. Er hat ein dichtes Fell, Schwimmhäute zwischen den Zehen der Hinterbeine und einen breiten, beschuppten Schwanz. Wegen dieses eigenartigen Schwanzes hat man noch vor 200 Jahren geglaubt, der Biber gehöre zu den Fischen.

Biber können beim Dammbau bis zu 20 Minuten an einem Stück unter Wasser arbeiten.

Manche Biberdämme sind bis zu hundert Meter lang, gut zwei Meter breit und so fest gebaut, dass ein Reiter darauf nicht einbricht.

Stell dir vor,
der Biber tapeziert die Wände seiner Wohnung mit Lehm und Schlamm. So bleibt es drinnen warm und trocken, auch wenn es draußen stürmt und regnet.

Wenn der Biber einen Baum fällen will, nagt er den Stamm rundherum an. Dabei entsteht eine sanduhrförmige Nagefläche. Natürlich nutzen sich die Zähne der Biber bei dieser Arbeit im Laufe der Zeit ab. Aber das ist nicht schlimm, denn sie wachsen während ihres ganzen Lebens ständig nach.

Die Nachmittagshitze flaut langsam ab. Ein heißer Sommertag geht zu Ende. Jetzt kommen die Blindschleichen aus ihren Schlupfwinkeln. Diese Tiere mögen es nicht, wenn die Sonne vom Himmel brennt. Tagsüber verkriechen sie sich unter Steinhaufen oder in den Erdgängen der Mäuse. Dort ist es angenehm kühl. Erst in der Abenddämmerung gehen sie auf Nahrungssuche. Dann gleiten sie langsam über den Boden und schnappen sich Nacktschnecken und Regenwürmer, manchmal auch eine Spinne. Andere Tiere stehen nicht auf ihrer Speisekarte. Die Blindschleichen würden sie nicht erwischen. Ohne Beine ist eine Verfolgungsjagd nicht möglich.

Die Blindschleiche

Größe:	Körperlänge bis zu 50 cm
Nahrung:	Regenwürmer, Nacktschnecken
Lebenszeit:	etwa 50 Jahre
Feinde:	Igel, Dachs, Iltis, Wildschwein
Besondere Merkmale:	bewegliche Augenlider
Typisches Verhalten:	wirft bei Gefahr ihre Schwanzspitze ab

Auf den ersten Blick ähnelt die Blindschleiche einer Schlange. Das wird ihr oft zum Verhängnis. Viele Menschen halten sie für gefährlich und erschlagen sie. In Wirklichkeit ist sie eine harmlose Eidechse, die niemandem etwas tut. Wenn du ihr begegnest, kannst du sie ohne Sorge in die Hand nehmen und über ihr goldglänzendes Schuppenkleid streichen. Sie würde dich niemals beißen. Natürlich mußt du ganz genau wissen, daß du wirklich eine Blindschleiche vor dir hast.

Weißt du, wie man Blindschleichen und Schlangen sicher unterscheidet? Du mußt auf ihre Augen achten: Blindschleichen haben bewegliche Augenlider. Sie können ihre Augen schließen, genau wie wir. Schlangen können das nicht, sie besitzen keine Lider. Ihre Augen sind immer offen.

Wusstest du,

dass die Blindschleiche keine Schlange ist, sondern eine Eidechse, deren Beine sich zurückgebildet haben?

Blindschleichen tragen ein goldglänzendes Schuppenkleid. Ihm verdanken sie auch ihren Namen. Vor vielen hundert Jahren nannte man sie »Blendende Schleichen«.

Erst durch einen Fehler beim Übergang in unsere heutige moderne Sprache entstand daraus die Bezeichnung »Blindschleiche«. Aber blind sind diese Tiere keineswegs, sie sehen sehr gut.

Blindschleichen bringen lebende Junge zur Welt. Bei ihrer Geburt sind sie etwa so lang wie dein Zeigefinger und fadendünn.

Nicht immer schimmern Blindschleichen so bronzefarben wie auf diesem Bild. Ihre Haut kann hellbraun oder schwarz gefärbt sein.

Das Blutströpfchen

Größe: etwa 35 mm Flügelspannweite
Nahrung: Falter saugen Nektar, Raupen fressen Blätter von Hornklee und Kronwicke
Lebenszeit: etwa ein Jahr
Feinde: Vögel
Besondere Merkmale: sechs rote Flecken auf den Vorderflügeln, Fühler sind vorne keulenförmig verdickt
Typisches Verhalten: tagaktiv, sitzt bei schlechtem Wetter bewegungslos auf Blüten

Ein Blutströpfchen gaukelt von Blume zu Blume. Ab und zu taucht es seinen langen Saugrüssel tief in einen Blütenkelch und nascht ein bißchen Nektar. Dann flattert es weiter zur nächsten Blüte.

Es ist Juli. Für das Blutströpfchen wird es höchste Zeit, nach geeigneten Pflanzen für die Eiablage zu suchen. Die Kinder des Blutströpfchens sind Feinschmecker. Am liebsten fressen sie an Hornklee oder Kronwicke. Diese Pflanzen sind für das Falterweibchen nicht immer leicht zu finden. Doch ehe der Sommer zu Ende geht, hat es seine Aufgabe erfüllt. Überall auf den Blättern von Hornklee und Kronwicken kleben winzige, gelbe Eier.

Das Leben des Blutströpfchens beginnt, wie das aller Schmetterlinge, im Ei. Daraus schlüpft nach wenigen Tagen eine kleine, auffallend gelb gefärbte Raupe. Sie muß nichts anderes tun als fressen und wachsen. Bis zum Spätherbst erreicht die junge Raupe bereits eine beachtliche Größe. Nun stellt sie die Nahrungsaufnahme ein und sucht sich ein geschütztes Plätzchen zum Überwintern. Erst wenn die warme Frühlingssonne lockt, kommt sie wieder aus ihrem Versteck.

Nach der langen Winterruhe hat die Raupe des Blutströpfchens großen Hunger. Deshalb macht sie genau da weiter, wo sie im Herbst aufgehört hat: Sie nagt wieder Blätter ab. Am Ende des Frühlings ist sie dann satt und dick und rund. Nun muß sie auch nicht mehr wachsen. Sie spinnt einen Seidenkokon und verpuppt sich. Etwa vier Wochen dauert ihre Puppenruhe. Dann zwängt sich ein bunter Falter ans Tageslicht. Er läßt seine Flügel trocknen und fliegt in die warme Julisonne.

Schmetterlingsraupen haben eine feste Außenhaut, die nicht mitwächst. Deshalb muß sich jede Raupe im Laufe ihrer Entwicklung mehrmals häuten. Im Bild hat eben die Larve des Blutströpfchens ihre enge Haut abgestreift.

Blutströpfchen kleben ihren spindelförmigen Verpuppungskokon an Grashalmen fest.

Dieser Falter ist ein Grünwidderchen und nahe verwandt mit den Blutströpfchen.

Wusstest du,

dass das Blutströpfchen für viele seiner Feinde ungenießbar ist?
Sein Blut enthält hohe Konzentrationen der giftigen Blausäure.

Das Blutströpfchen trägt auf jedem Vorderflügel sechs rote Flecken.
Sie sehen aus wie kleine Blutstropfen.

Ein Schwarzes Brüllaffenmännchen ruft in den Urwald. Mit seinen kräftigen Armen und dem beweglichen Greifschwanz findet er überall in den Bäumen sicheren Halt. ►

Rasch geht die Sonne über dem Regenwald auf. Der Brüllaffenboß ist aufgewacht und begrüßt den Tag mit lautem Gebrüll. Weibchen und andere Männchen antworten. Ihr ohrenbetäubendes Konzert erfüllt den Wald. Die Rufe sind kilometerweit zu hören. Wie unsere Singvögel markieren Brüllaffen ihr Revier mit der Stimme. Wagen sich dennoch andere Affen heran, werden sie mit gezielten Ast- oder Kotwürfen vertrieben.

Die Brüllaffen

(6 Arten)

Größe:	50–60 cm Schwanz 60 cm
Gewicht:	5–7 kg
Nahrung:	vor allem Blätter, dazu Früchte und Knospen
Feinde:	Jaguar, Harpyie (Raubvogel)
Besondere Merkmale:	Greifschwanz; langer Darm zur Verdauung der Blattnahrung

Früchte und Knospen sind besondere Leckerbissen. Brüllaffen leben aber vor allem von Blättern, die nährstoffarm und schwer verdaulich sind. Daher müssen die Affen riesige Mengen fressen und brauchen einen besonders langen Darm.

Im Vergleich zu vielen ihrer kletternden Vettern bewegen sich Brüllaffen eher behäbig durch das Geäst. Sie können auch nicht besonders gut von Ast zu Ast springen. Aber mit ihrem kräftigen Greifschwanz halten sie sich überall sicher fest.

Wenn Brüllaffenkinder im Geäst spielen und sich gegenseitig jagen, lernen sie im Spiel alles, was sie später brauchen. Sind sie ausgewachsen, verlassen sie meist ihre Familie und schließen sich einer anderen Gruppe an.

Brüllaffen lausen sich oft gegenseitig. Das ist nicht nur wichtig zur Reinigung. Die gemeinsame Fellpflege stärkt die Zusammengehörigkeit der Gruppe. Erst sucht einer im Fell seines Nachbarn nach Schmutz und Ungeziefer. Dann dreht er sich um. »Nun bin ich dran«, soll das heißen. Zentimeter für Zentimeter säubert nun der andere den hingehaltenen Pelz.

Zwei Mantelbrüllaffen auf einem Ast. Die Jungen klammern sich an der Mutter fest.
▼

Wusstest du,

dass die Schreie der Brüllaffen bis zu fünf Kilometer weit zu hören sind?

Wie erstarrt hockt das Chamäleon auf einem Ast und lauert auf Beute. Die fünf Finger und Zehen sind zu zweit oder dritt miteinander verwachsen und umklammern den Ast wie eine Zange. Der kräftige, einrollbare Schwanz dient ihm als »fünfte Hand« zum Festhalten. Chamäleons sind sehr schmal gebaut. Deswegen und weil sie ihre Körperfarbe der Umgebung anpassen können, sind sie hervorragend getarnt.

Obwohl alle Chamäleons ihre Farbe verändern können, verfügt jede Art nur über eine bestimmte Farbpalette. Der Farbwechsel dient aber nicht nur der Tarnung. Viel wichtiger ist, dass Chamäleons damit ihre Stimmung ausdrücken. Jeder Artgenosse erkennt sofort, ob der andere ängstlich oder wütend, ruhig oder in Paarungsstimmung ist. Auch befruchtete Weibchen verändern ihre Färbung.

Die Chamäleons

(rund 90 Arten)

Größe:	Zwergchamäleon 12-16 cm, Riesenchamäleon 63 cm lang
Lebensraum:	Afrika, Südasien, Südspanien
Feinde:	Schlangen
Beute:	Insekten und Kleintiere
Beutefang:	lange, klebrige, ausschleuderbare Zunge

Warum das Dreihornchamäleon seinen Namen trägt, kannst du auf diesem Bild schön sehen. Es hat gerade zielsicher seine Zunge ausgeschleudert und eine Schildwanze erwischt.

Stell dir vor,
die Zunge eines Chamäleons ist so lang wie der ganze Körper und der Schwanz zusammen.

Chamäleons sind besonders gut an die Jagd in den Baumwipfeln angepasst. Ihre Augen sitzen auf kleinen, kegelförmigen Vorwölbungen des Kopfes und sind unabhängig voneinander in alle Richtungen beweglich. Tatsächlich sieht das Chamäleon zwei unterschiedliche Bilder. Hat es jedoch eine Beute erspäht, richtet es beide Augen darauf. Es stellt Richtung und Entfernung seines Opfers genau fest und schleudert seine lange Zunge aus. Das geht so blitzschnell, dass du es mit bloßem Auge kaum siehst. Besonders merkwürdig ist diese Geschwindigkeit, weil sie im Widerspruch zu ihren sonstigen Bewegungen steht: Ein Chamäleon bewegt sich nur ganz langsam.

Die lange Zunge endet in einer klebrigen, keulenartigen Verdickung. Daran bleibt die Beute kleben - das klappt aber nicht bei feuchten Beutetieren! Sie wird durch schnelles Zurückziehen der Zunge in den Mund befördert.

Nicht nur Chamäleons benutzen ihre Zunge zum Beutefang. Diese Erdkröte hat gerade einen Regenwurm »erlegt«.

Die Sonne geht unter. Langsam wird es Nacht im Wald. Ein Dachs steckt vorsichtig die Nase aus seinem Bau. Minutenlang prüft er, ob die Luft rein ist. Bemerkt er etwas Verdächtiges, verschwindet er sofort wieder in der Tiefe. Dachse sind sehr wachsam. Wittern sie fremde Gerüche, dann bleiben sie im Bau. Ist aber alles in Ordnung, kommt die gesamte Dachsfamilie heraus. Alle sind froh sich nach der langen Zeit im engen Bau wieder frei bewegen zu können. Sie dehnen und strecken sich ausgiebig, sie kratzen sich und helfen einander bei der Fellpflege. Die Jungen raufen und tollen herum und manchmal spielen sogar die Alten mit.

Der Dachs

Lebensraum:	Wälder mit viel Unterholz, Waldränder
Größe:	Körperlänge etwa 80 cm, Gewicht bis zu 12 kg
Nahrung:	Allesfresser: Regenwürmer, Schnecken, Frösche, Früchte oder Wurzeln
Lebenszeit:	etwa 15 Jahre
Feinde:	kaum natürliche Feinde
Besondere Merkmale:	schwarzweiße Gesichtsmaske, kräftige Vorderpfoten mit langen Krallen zum Graben
Typisches Verhalten:	Dachse benutzen in ihrem Revier immer wieder die gleichen Wege

Früher glaubte man, der Dachs wäre ein scheuer Einzelgänger. Man nahm an, Männchen und Weibchen würden nur in der Paarungszeit zusammentreffen, den Rest des Jahres aber getrennte Wege gehen. Das stimmt nicht. Heute wissen wir, dass Dachse in großen Familiengemeinschaften leben. Zu einer solchen großen Dachsfamilie gehören meist mehrere erwachsene Männchen und Weibchen und ein bis zwei Würfe von Jungtieren.

Ihr gemeinsamer Bau ist ein unterirdischer Palast mit vielen Röhren und Kammern und mehreren Eingängen, die bis zu fünf Meter tief in den Boden führen. In den einzelnen Kammern sind die Lager mit trockenem Gras ausgepolstert. Dachse halten ihren Bau peinlich sauber. Manchmal schieben sie sogar ihre Lagerpolster nachts mit der Nase aus dem Bau heraus, um sie zu lüften.

Im Spätherbst bereitet die Dachsfamilie ihren Bau für den Winter vor. Sie tragen frische Blätter ein, die später gären und Wärme freisetzen. Dann werden alle Ausgänge verschlossen, damit die Kälte nicht eindringen kann. Dachse verlassen im Winter ihren Bau so gut wie nie. Einen echten Winterschlaf halten sie aber nicht. Sie ruhen nur viel und zehren in dieser Zeit von ihrer Speckschicht.

Wenn sie im nächsten Frühling zum ersten Mal ihre Behausung verlassen, sind sie richtig dürr geworden. Auch ihr Gang wirkt dann etwas unsicher und wackelig. Aber die Dachse erholen sich sehr schnell. Im reichhaltigen Nahrungsangebot des Frühlings finden die Dachse reichlich zu fressen. Und nach den ersten Regenwurmmahlzeiten streifen sie wieder wie gewohnt durch ihr Revier.

In Wäldern mit viel Unterholz und lockeren Böden gräbt der Dachs seine Höhle. Seine starken Vorderpfoten mit den langen Krallen verraten, dass er gut graben kann.

Wusstest du,

dass manche Dachsbaue jahrzehntelang von mehreren Generationen nacheinander bewohnt werden? Diese alten Baue haben dann 40 und mehr Eingänge.

Die beiden Bilder zeigen dir die Vorderpfote eines Dachses: rechts die behaarte Oberseite, links die Unterseite. Du siehst ganz deutlich die langen Krallen an den Zehen. Jetzt verstehst du auch, dass der Dachs mühelos Gänge bis in vier Meter Tiefe graben kann.

Mit großen Sätzen jagt der Dingo hinter dem Kaninchen her. Ob es ihm noch entwischen kann? Die australischen Wildhunde sind geschickte und ausdauernde Jäger. Jedoch bekommt man diese scheuen Hunde nur selten zu Gesicht.

Vor über 6000 Jahren brachten Menschen Dingos in ihren Booten mit, als sie die Küste Australiens erreichten. Diese Hunde waren allerdings keine Spielgefährten oder Jagdbegleiter, sondern galten als lebendiger Fleischvorrat für die weite Reise. Bis heute ist es niemandem gelungen, Dingos völlig zu zähmen. Sie leben immer noch wild und schließen sich nur manchmal den Ureinwohnern an.

Der Dingo

Größe:	so groß wie ein Schäferhund
Gewicht:	bis zu 20 kg
Nahrung:	Kaninchen, kleine Beuteltiere, Echsen, Heuschrecken, Aas
Feinde:	Leistenkrokodil, Python
Jungtiere:	3 bis 5 Junge
Besondere Merkmale:	bellt nicht; weiße Schwanzspitze und weiße Pfoten

Der Dingo hat sich seit 3000 Jahren nicht verändert. Gleich welcher Farbe sein Fell ist, er hat immer eine weiße Schwanzspitze, helle Pfoten und oft ein weißes Lätzchen auf der Brust.

Heute sollen die Weidezäune nicht nur die Dingos, sondern auch die Känguruhs, Kaninchen und Emus von den Feldern und Weiden der Farmer abhalten.

Viehzüchter sehen im Dingo nur einen Schädling. Sie haben Angst, daß er ihre Schafe und Kälber reißt. Mit Gift, Fallen und Gewehren stellen Hundejäger den Dingos auch heute noch nach. Das machte die Tiere sehr scheu. Deshalb meiden sie die Menschen. Dabei ist der Dingo für das Gleichgewicht der Natur sehr wichtig: Er frißt kranke Tiere und Aas. Dadurch verhindert er, daß sich Krankheitskeime ausbreiten können. Dingos sorgen außerdem dafür, daß sich manche Tiere nicht zu stark vermehren. Dort, wo er ausgerottet ist, werden beispielsweise Kaninchen, Känguruhs oder Emus zu einer wahren Plage für die Farmer.

Wusstest du,

dass der längste Zaun der Welt ein Hundezaun ist? Er ist 5,614 km lang und soll die Dingos daran hindern, das Weideland der Farmer zu betreten. Wie groß der Zaun ist, zeigt dir die Karte, die sich vorne und hinten im Buch befindet.

In kalten Wüstennächten kuscheln sich die Ureinwohner und Dingos eng aneinander. So haben sie es herrlich warm.

Das Dromedar in Afrika ist ein richtiges Wüstenwunder. Mit seinen dünnen, langen Beinen hält es die heiße Luft am Boden gut aus. Sein schmaler Rücken bietet der Mittagssonne wenig Angriffsfläche. Das zottelige Fell schützt tagsüber vor der Sonne und nachts hält es warm. Der lange Hals hebt sich in kühlere Luftschichten.

Auch sonst paßt das Dromedar gut in die Wüste: Mit seiner sehr beweglichen und zweigeteilten Oberlippe kann es kleinste Blättchen aus Dornenbüschen oder zwischen Steinen herauszupfen. Manchmal verschlingt es gar ganze Dornenzweige, denn sein Maul ist so gut ausgepolstert, daß Stacheln ihm nichts anhaben können.

Ohne die Lasttiere Dromedare und ihre zweihöckrigen Verwandten in Asien, die Trampeltiere, wären die weiten Handelswege zwischen Asien, Afrika und Europa unüberwindbar gewesen. Aus Asien brachten die Karawanen über die Seidenstraße herrliche Stoffe und kostbare Gewürze. Auf diesem Weg kamen auch unbekannte Pflanzen, wie die Mandelbäume, nach Europa. Noch heute sind Dromedare und Trampeltiere in den Wüstengegenden Afrikas und Asiens unersetzbare Lasttiere. Beide gehören zur Familie der Kamele.

Trampeltiere, die zweihöckrigen Verwandten der Dromedare, dienen in der trockenen Hitze und eisigen Kälte Asiens bis heute als besonders gute Lasttiere. Ein Kamelzüchter in der Wüste Gobi zeigt stolz seine große Kamelherde.

Dromedare erscheinen hochmütig, weil sie den Kopf hoch oben tragen. Doch das hat seinen Sinn.

Stehen die schwieligen Sohlen auf 80° Celsius heißem Wüstensand, herrschen um die Nase herum nur noch 40° Celsius.

Das Dromedar

Größe:	größer als ein Pferd
Nahrung:	Gräser, Akazienblätter und -zweige, Dornengestrüpp, Blüten, Früchte
Besondere Merkmale:	Hornschwielen an der Sohle, an Brust und Gelenken der Beine; zweigeteilte Oberlippe; verschließbare Nase; Nahrungsvorrat im Höcker; Paßgang
Tragzeit:	etwa 12 1/2 Monate; ein Junges
Lebensraum:	trocken-heiße Wüstengegenden
Haustier:	seit rund 6000 Jahren im Jemen (Südarabien)

Dromedare haben an den Gelenken und auf der Bauchseite Hornhaut, damit sie sich nicht beim Liegen im heißen Wüstensand verbrennen.

Wusstest du,

dass der Höcker der Dromedare ein Fettspeicher ist? Gleichzeitig wirkt er wie eine Isolierkanne, weil er Wärme und Kälte schlecht weiterleitet. Am Tag schützt er vor Hitze und nachts hält er warm.

Die langbeinigen Dromedare gehen im Paßgang. Dabei bewegen sie das Vorder- und Hinterbein auf derselben Seite gleichzeitig. Lasten und Menschen schaukeln auf ihrem Rücken beim Reiten ständig hin und her.

Der Eichelhäher

Lebensraum:	Wälder mit dichtem Unterholz
Größe:	34 cm
Nahrung:	Samen, Früchte, Insekten, Eier und Vogelküken
Lebenszeit:	etwa 15 Jahre
Feinde:	Habicht, Sperber
Besondere Merkmale:	fliegt in Wellenlinien
Typisches Verhalten:	warnt andere Tiere mit lautem Kreischen

Lautes Rätschen klingt durch den Wald. Ein rostbrauner Vogel fliegt aufgeregt schimpfend von Ast zu Ast. Hoch oben in einer Buche bleibt er sitzen und wir können ihn beobachten. Angriffslustig sträubt er seine schwarzweiße Federhaube, spreizt seine hellblauen Flügel und rätscht unentwegt. Es ist ein Eichelhäher, der lautstark die anderen Waldbewohner warnt. Seinen Meldedienst nimmt er sehr genau. Jeder Wanderer, der sein Revier betritt, wird von ihm weithin hörbar angekündigt.

Weil er ein sehr ungeschickter Flieger ist, muss der Eichelhäher im Wald leben. Nur hier findet er genügend Unterholz, in dem er sich gut verstecken kann. Auf freiem Feld wäre er für jeden Habicht eine leichte Beute.

Auch im Herbst verlässt der Eichelhäher seinen Wald nicht, um wie viele andere Vögel der Sonne nachzuziehen. Ein Eichelhäher verhungert im Winterwald nicht. Schließlich hat er für die kalte Jahreszeit vorgesorgt. Sein Winterfutter sind Eicheln, Bucheckern und Haselnüsse. Fast 10000 Stück davon sammelt er im Herbst und vergräbt sie unter Laub oder im Erdboden. Seine zahlreichen Futterverstecke verteilt er über den ganzen Wald. Er findet sie auch immer wieder, selbst unter einer dicken Schneedecke.

Bis weit in den Frühling könnte er Eicheln und Bucheckern fressen, so reichlich hat er vorgesorgt. Aber im Frühling schmecken ihm Käfer und Regenwürmer besser, auch eine Maus ist ihm dann lieber. Deshalb wird im

Eichelhäher bauen ihr Nest in den dichten Baumkronen. Sehr viel Mühe geben sie sich damit nicht. Sie brechen nur einige Zweige von den Bäumen ab, flechten sie zusammen und verstärken ihr Bauwerk ein bisschen mit Lehm.

Eichelhäher sind Allesfresser. Ab und zu erbeuten sie auch einen Singvogel, wie diese Amsel. Vor allem zur Brutzeit plündern sie gelegentlich die Nester kleinerer Vögel und holen sich Eier oder Jungtiere.

Frühling so manche vergrabene Eichel nicht gefressen und keimt aus. Vielleicht verwendet er den kleinen Keimling später als Futter für seine Kinder. Wenn nicht, dann kann die gekeimte Eichel zu einer großen stattlichen Eiche heranwachsen. Wie das Eichhörnchen pflanzt auch der Eichelhäher Bäume, von denen viele Jahre später seine Nachkommen ernten können.

Dieser Eichelhäher hat einen Vogelbeerbaum entdeckt und lässt es sich schmecken.

Wusstest du,

dass der Eichelhäher die Sprache vieler Waldvögel spricht? Er kann den Schrei des Bussards, den Ruf des Waldkauzes und die Gesänge mancher Singvögel täuschend ähnlich nachahmen.

Im Herbst suchen sich Eichelhäher ihr Futter für den Winter. Sie sammeln Nüsse, Eicheln und auch Bucheckern und verstecken sie als Vorräte für die kalte Zeit unter Laub oder vergraben sie in der Erde.

Fauchend und schreiend jagen sich zwei Eichhörnchen von Baum zu Baum. Sie toben die Stämme hinauf und hinunter und verfolgen sich mit weiten Sprüngen von Ast zu Ast. Bei ihrer wilden Hetzjagd vergessen sie jede Vorsicht. Die beiden sind noch jung und unerfahren, aber lebhaft und voller Tatendrang. Sie müssen erst lernen auch im Spiel auf Gefahren zu achten. Vor knapp vier Monaten wurden sie in einem großen, runden Reisignest auf einer Astgabel geboren, dicht am Stamm einer Buche.

Eichhörnchenkinder sind bei ihrer Geburt rosig und haarlos und sie können weder hören noch sehen. Sie spüren nur die Wärme ihrer Mutter, saugen deren Milch und werden von ihr abgeleckt. Erst nach 14 Tagen bekommen sie am ganzen Körper einen weichen Haarflaum. Mit drei Wochen hören sie erste Töne, und etwa vier Wochen nach ihrer Geburt öffnen sie die Augen und blinzeln zum ersten Mal ins schwache Licht, das ins Innere des Kobels scheint.

Mit sechs Wochen lugen die jungen Eichhörnchen bereits aus dem Nest. Jetzt möchten sie die Welt draußen erforschen. Sie fangen an zu klettern und sich ihr Futter selbst zu suchen. Haselnüsse drehen sie zunächst ungeschickt in ihren Vorderpfoten hin und her. Sie wissen noch nicht, wo man eine Nuss am besten annagt, um sie zu öffnen. Aber das lernen sie schnell. Anfangs brauchen junge Eichhörnchen fast eine Viertelstunde, um eine Nuss zu knacken. Ein paar Wochen später gelingt ihnen das bereits in vier Minuten. Nach und nach werden sie immer unabhängiger von ihrer Mutter. Am Ende des Sommers verlassen sie ihre Familie und bauen sich ihren eigenen Kobel.

Das Eichhörnchen

Lebensraum:	Laub- und Nadelwälder
Größe:	Körperlänge 20 bis 30 cm, Gewicht bis zu 500 Gramm
Nahrung:	Eicheln, Haselnüsse, Samen von Fichten und Kiefern, Beeren, Pilze, Eier und Jungvögel
Lebenszeit:	fünf bis sechs, manchmal auch zehn Jahre
Feinde:	Baummarder, Habicht
Besondere Merkmale:	im Winter lange Haarbüschel an den Ohren
Typisches Verhalten:	klettert sehr gut auch baumabwärts; springt von Wipfel zu Wipfel

Ein junges Eichhörnchen hat zum erstenmal seinen Kobel verlassen und bemüht sich einen Baumstamm hochzuklettern.

Wusstest du,
dass Eichhörnchen in Laubwäldern leuchtend rotbraun gefärbt sind, in dunklen Nadelwäldern aber ein schwarzes Fell besitzen? So sind sie in ihrem jeweiligen Lebensraum gut getarnt.

Zwei Eichhörnchen an ihrem Futterplatz. Die Reste ihrer Mahlzeit liegen am Boden verstreut.

Eichhörnchen springen mit großer Sicherheit blitzschnell von Ast zu Ast. Dabei setzen sie ihren langen, buschigen Schwanz als Steuer ein.

Eichhörnchen sammeln nicht nur Haselnüsse, Eicheln und Bucheckern. Sie hängen auch Pilze in Astgabeln und heben sie für eine spätere Mahlzeit auf.

Aller Anfang ist schwer. Ein junger Eisbär lauert mit seiner Mutter an einem Eisloch auf Beute. Wenn die Robbe auftaucht, wird er mit seiner kleinen Tatze zuschlagen. Eine andere Robbe beobachtet die beiden. Sie bleibt in sicherer Entfernung, denn die Eisbärmutter könnte ihr gefährlich werden.

Zu Beginn des Winters gehen die Eisbärweibchen auf einer arktischen Insel an Land. Dort kriechen sie in eine Schneewehe. Sie lassen sich einschneien und graben eine bequeme Höhle in den Schnee. Darin ist es viel wärmer als draußen im eisigen Wind. Dort kommen mitten im Winter die Eisbärbabys zur Welt. Bei der Geburt sind sie nur 30 cm groß, nackt, blind und taub.

Im Frühling krabbeln sie alle ins Freie. Noch können die kleinen Eisbären keine Beute jagen, die Mutter versorgt sie mit Fleisch. Drei Jahre lang bleibt die Familie zusammen. Die Mutter bringt ihren Jungen alles bei, was sie zum Überleben brauchen. Für ein Spielchen ist aber immer noch Zeit. Eisbärkinder lieben es, die Schneehänge herunterzurutschen.

Eisbären leben fast das ganze Jahr über auf dem Eis, immer in der Nähe des Wassers. Sie gehen nur selten ans feste Land. Mit ihrem dichten Fell und dem dicken Fettpolster brauchen sie die Kälte nicht zu fürchten.

Der Eisbär

Größe:	aufgerichtet bis 2,50 m; Schulterhöhe 1,50 m
Gewicht:	Männchen 600 kg, Weibchen 400 kg
Nahrung:	Robben, Lemminge, Aas
Feinde:	keine
Besondere Merkmale:	Einzelgänger; behaarte Fußsohlen; Schwimmhäute zwischen den Zehen

Wusstest du,

dass Eisbären einen ausgezeichneten Geruchssinn haben? Sie können tote Wale bis zu 30 km weit riechen.

Eine Eisbärmutter und ihr Junges lauern an einem Eisloch. Das Kleine hat schon gelernt, daß dort die Robben auftauchen, um Luft zu schnappen.

Eisbären können sehr gut riechen. Diese drei haben den Fotografen gewittert und schauen direkt in die Kamera.

Auf der Suche nach Beute legen Eisbären weite Strecken zurück. Die gesamte Arktis rund um den Nordpol ist ihr Jagdrevier. Sie lauern ihrer Beute vor Eislöchern auf oder schleichen sich an schlafende Robben an. Dabei tarnt sie ihr weißes Fell. Die auffallende, schwarze Nase verstecken sie hinter ihren weißen Tatzen. Mit einem einzigen Schlag ihrer mächtigen Pranke töten Eisbären die Beute. Sie fressen aber auch tote Wale oder Walrosse, die an die Küste geschwemmt wurden.

Eisbären haben leicht gebogene Beine. Ihre Zehen zeigen nach innen. Von vorne sieht man die O-Beine besonders gut. Laufen auf rutschigem Eis oder Schnee ist gar nicht so einfach. Eisbären machen große Schritte und treten mit ihren behaarten Fußsohlen sicher auf. Außerdem schützen die Haare vor der Kälte des Bodens. Meistens traben Eisbären gemächlich über das Eis, sie können aber auch bis zu 40 Stundenkilometer schnell galoppieren. Mit einem gekonnten Kopfsprung stürzen sie sich ins Wasser und paddeln mit den Vorderbeinen. Ihre Hinterbeine ziehen sie nach. Eisbären sind hervorragende Schwimmer.

Einsam segelt der Eissturmvogel über die Wellen des arktischen Meeres. Wenige Flügelschläge tragen ihn nach oben, dann gleitet er wieder ruhig über das Wasser. Plötzlich schießt er im Sturzflug herab, taucht unter und verschwindet im Meer.
Der Eissturmvogel hat Schwimmhäute zwischen den Zehen, und sein Gefieder stößt das Wasser ab. Daher kann er gut schwimmen und tauchen. Unter Wasser schnappt er nach Krebsen und kleinen Fischen. Er taucht auf, schlägt ein paar Mal mit den Flügeln, und schon ist er wieder in der Luft. Manchmal fängt er Fische, die sich nach oben wagen, direkt an der Wasseroberfläche.

Eissturmvögel sind wahre Flugkünstler, die den Wind über den Wellen ausnutzen, um Kräfte zu sparen. Von aufsteigenden Winden an den Wellenkämmen lassen sie sich leicht in die Höhe tragen und gleiten weiter dahin.

Eissturmvögel verbringen fast ihr ganzes Leben über dem Meer. Nur zum Brüten fliegen sie an Land. Ihre Brutplätze kennen die Vögel ganz genau. Immer wieder kehren sie dorthin zurück. Das Weibchen legt ein einziges, weißes Ei auf einer felsigen Klippe ab. Drei Monate müssen die Vogeleltern ihr Ei ausbrüten. So lange kann aber kein Vogel hungern. Daher wechseln sich die Eltern alle paar Tage ab. Einer setzt sich auf das Ei, und der andere fliegt nun aufs Meer hinaus. Sobald er sich sattgefressen hat, kehrt er zum Nest zurück und löst den Partner ab.

Der Eissturmvogel

Größe:	50 cm; Flügelspannweite 1,50 m
Gewicht:	etwa 3 kg
Nahrung:	Plankton, Fische, Tintenfische, Abfälle
Feinde:	Nesträuber jagen die Jungen
Besondere Merkmale:	kurzer Körper und lange schmale Flügel; Röhrennase; können gut riechen

Wusstest du,

dass Eissturmvögel Angreifern einen öligen Magensaft ins Gesicht spritzen?

Ruhig wie ein Segelflugzeug gleitet der große Eissturmvogel über den Wellen des arktischen Meeres.

Eissturmvögel legen ein einziges Ei auf einer felsigen Klippe ab.

Männchen und Weibchen brüten gemeinsam. Stets darf nur einer zum Fischfang aufs Meer fliegen.

Sobald das Junge aus dem Ei geschlüpft ist, müssen die Eltern besonders gut aufpassen, denn Raubvögel machen Jagd auf den Kleinen. Angreifern spucken Eltern und Junges eine stinkende Flüssigkeit ins Gesicht. Das schreckt die meisten Räuber ab. Das Junge kann noch keine großen Brocken fressen. Daher verdauen die Eltern die gefangenen Fische zu einem weichen Brei vor. Den würgen sie wieder aus und füttern damit das Junge. Es dauert drei Monate, bis der kleine Eissturmvogel flügge ist. Er verläßt sein Nest und fliegt aufs Meer hinaus. Von nun an muß er wie ein ausgewachsener Vogel für sich selber sorgen.

Sturmvögel gibt es auf allen Meeren der Welt. Die Eissturmvögel aber leben nur in der Arktis. Sie haben gelernt, den Hochseefischern zu folgen und die Fischabfälle zu fressen. Deswegen konnten sie sich stark vermehren.

Auf dem Schnabel des Eissturmvogels liegt eine merkwürdige doppelte Röhre. Das ist die Nase des Tieres. Eissturmvögel können das salzige Meerwasser trinken. Durch ihre Röhrennase geben sie das schädliche Salz wieder ab. Vielleicht hält die lange Röhre das Salz von den Augen fern. Im Unterschied zu den meisten anderen Vögeln können Eissturmvögel recht gut riechen.

Bei der Balz fängt das Männchen Fische und bietet sie seiner Partnerin als Geschenk an - immer mit dem Kopf zuerst, so wie er später seine Jungen füttern wird.

Der Eisvogel

Größe:	15-17 cm
Gewicht:	40 g
Lebensraum:	Europa, Südasien
Feinde:	keine
Beute:	kleine Fische, Krebstiere, Wassertiere
Beutefang:	Stoßtaucher, fängt Fische im Schnabel; öliges, wasserabstoßendes Gefieder

Bewegungslos lauert der Eisvogel auf einem Zweig. Für die Jagd braucht er einen Ansitz, ein bis zwei Meter über der Wasseroberfläche und mit guter Sicht auf den Bach. Von dort späht er im klaren Wasser nach unvorsichtigen Fischen. Hat er einen entdeckt, hebt er ab. Einige kräftige Flügelschläge erhöhen seine Geschwindigkeit, dann schießt er mit angelegten Flügeln im Sturzflug ins Wasser, packt den Fisch und flattert wieder hoch.

Der Eisvogel landet auf einem Ast, schlägt den Fisch mehrmals darauf und legt ihn sich im Schnabel zurecht. Er schluckt seine Beute stets mit dem Kopf zuerst - so gleitet sie besser den Schlund herunter. Stichlinge, das sind Fische mit spitzen Rückenstacheln, klopft er so lange auf einen Ast, bis die Stacheln abbrechen oder im Holz stecken bleiben.

Ein Eisvogel braucht jeden Tag etwa zehn Fische. Daher ist es kein Wunder, dass er sein Revier gegen Artgenossen verteidigt. Es liegt immer an einem sauberen Bach und es erstreckt sich über ein Gebiet von etwa 120 Meter oberhalb und unterhalb seines Nistplatzes. Jeder Eindringling wird energisch vertrieben.

Stell dir vor,
nur jede zehnte Tauchjagd des Eisvogels ist erfolgreich.

Auf dem Bild kannst du den Fangvorgang eines Eisvogels verfolgen: Er lauert auf einem Ast, stößt herab, packt einen Fisch und taucht wieder auf.

Zur Paarungszeit, im Frühling, finden sich die Eisvögel zu Pärchen zusammen. Sind sich die beiden einig, bauen sie ein Nest in einem Steilufer mit lockerer Erde. Es dauert einen Tag, bis sie endlich mit dem Schnabel ein kleines Loch ausgehöhlt haben. Nun geht es schneller: Meist gräbt das Weibchen den Tunnel, und das Männchen schaufelt die Erde heraus. Am Ende eines bis zu ein Meter langen Tunnels höhlen sie den Brutraum aus. Hier sollen die Jungen zur Welt kommen.

Da es in unserer Landschaft immer weniger natürliche Bäche gibt - nur in sauberem Wasser kann der Eisvogel seine Beute erspähen - sind Eisvögel selten geworden. Auch frostkalte Winter bedrohen sie. Friert das Wasser auf dem Gefieder zu Eis, muss der Vogel sterben.

Spätsommer in Alaska. Die langen Beine des Elchs verschwinden beinahe in den üppig wachsenden Kräutern und Büschen. Er frißt fast den ganzen Tag und legt sich für den langen, kalten Winter ein dickes Fettpolster zu.

Elche brauchen 20 Kilogramm Nahrung am Tag. Besonders gern naschen sie zarte schmackhafte Wasserpflanzen. Dazu steigen die Elche in einen der vielen Seen und grasen unter Wasser den Boden ab.

Elche sind Einzelgänger. Im letzten Winter hat dieser Bulle sein Geweih abgeworfen. Wie allen männlichen Elchen wächst ihm im Frühling ein neues nach. Während dieser Zeit ist es von einer zarten, gut durchbluteten Haut, dem Bast, umgeben. Jedes Jahr wird sein Geweih ein Stückchen größer. Am Ende des Sommers ist das mächtige Schaufelgeweih ausgewachsen. Der Elch schabt es an Büschen und Sträuchern entlang, um den samtigen Bast abzustreifen. Die Reste hängen dann in langen Fetzen vom Geweih herab.

Jetzt ist Brunftzeit, in der die Elchbullen um die Weibchen werben. Sie werden sehr angriffslustig und zeigen jedem Gegner ihre Stärke. Sie drohen mit dem Geweih, zerrupfen Sträucher und stöhnen mit hohen, dumpfen Lauten. Starke, alte Elchbullen mit mächtigen Schaufeln brauchen nur selten zu kämpfen. Meist zieht sich der Schwächere zurück. Manchmal kommt es aber doch zum Kampf. Dann senken die beiden ihre Köpfe und jeder versucht, den anderen wegzudrücken.

Der Elch

Länge:	2,40 bis 2,80 m; Schulterhöhe 1,50 bis 2,20 m
Gewicht:	bis 800 kg, Weibchen sind kleiner und leichter
Nahrung:	Gräser, Blätter und Wasserpflanzen im Sommer; Zweige, Baumrinde und Kiefernadeln im Winter
Feinde:	Grizzlybären, Wölfe
Besondere Merkmale:	Wiederkäuer; an ihrer Kehle hängt eine lange, behaarte Hautfalte (Wamme)

Wusstest du,

dass nur männliche Elche ein Geweih tragen? Es wächst jeden Tag um 2 cm.

Ein kräftiger Elchbulle mit großem Schaufelgeweih stapft durch die Tundra. Es ist Brunftzeit, und er wird mit jedem Gegner, der auftaucht, um die Weibchen kämpfen.

Noch finden die Elchkuh und ihr Junges genügend Nahrung. Bis zum Winter müssen sich die beiden eine dicke Fettschicht anfressen.

Gleichstarke Gegner können sich im Kampf gefährlich verletzen. Nur der stärkste Elchbulle darf sich mit den Weibchen paaren.

Im nächsten Frühling bringen die Elchmütter ein oder zwei Babys zur Welt. Gleich nach der Geburt stolpern sie schon auf langen, staksigen Beinchen umher. Nach zwei Wochen können sie richtig laufen und knabbern schon ab und zu an Pflanzen. Noch vier Monate lang trinken sie die Milch ihrer Mütter.

Im Winter wandern die Elche in die Berge und suchen in den Wäldern nach Pflanzen. Sie müssen sich mit Baumrinde oder trockenen Kiefernnadeln zufrieden geben. Der erste Winter ist eine gefährliche Zeit für die jungen Elche, denn hungrige Wölfe sind immer auf der Suche nach Beute.

Wenn die Tundra im Frühling wieder grün wird, ziehen die Elche zurück in die Ebene. Die kleinen Elchfamilien bleiben zusammen, bis die Mutter neue Junge bekommt. Dann müssen die älteren Elchkinder für sich selber sorgen.

Auch im Norden Europas, in Skandinavien, gibt es Elche. Sie sind aber kleiner als ihre Verwandten in Alaska.

Mit weit ausgebreiteten Ohren prüft der Elefant die Umgebung. Er spürt eine Gefahr. Vielleicht hat sich ein Löwe zu nahe herangewagt. Wehe, er kommt näher und bedroht das Elefantenbaby. Dann wird der friedliche Elefant wütend. Er hebt seinen Rüssel, trompetet und trabt los. Jedes Raubtier kennt seine Kraft und verzieht sich sofort.

In einer Elefantenherde leben Kühe, Junge und nicht ausgewachsene Bullen. Alle helfen sich untereinander. Neben der Mutter kümmern sich besonders die Tanten um Elefantenbabys. Alle verständigen sich mit Infraschall über große Entfernungen. Menschen können diese sehr tiefen Töne nicht hören.

Der Elefant

Größe:	6-7,50 m lang; Schulterhöhe 2,20-3,70 m
Gewicht:	bis zu 7,5 Tonnen
Nahrung:	Gras, Zweige, Blätter, Früchte, Baumrinde
Feinde:	keine
Besondere Merkmale:	auf dem Rücken haben die »Dickhäuter« wirklich dicke Haut; der längste Stoßzahn war 3,10 m lang; können sich Bilder und einfache Melodien merken

Nach dem Bad pudern sich große und kleine Elefanten mit Staub ein.

Die indischen Elefanten erkennt ihr leicht an den kleineren Ohren. Viele von ihnen leben in Gefangenschaft und müssen für den Menschen arbeiten.

Wusstest du,

dass die Schädelknochen der Elefanten große Hohlräume haben? Deswegen ist ihr mächtiger Kopf ziemlich leicht.

Die ausgebreiteten Ohren sind ein sicheres Zeichen: Der Elefant hat ein Raubtier entdeckt.

Der Rüssel ist das wichtigste Werkzeug der Elefanten. Seine Muskeln sind stark genug, einen Baum umzustoßen. Die beiden kleinen Fortsätze an der Rüsselspitze sind äußerst geschickt. Damit kann ein Elefant sogar eine Münze vom Boden aufheben. Mit dem Rüssel reißen die Elefanten Gräser und Zweige ab und stopfen sie sich in den Mund. Auch zum Trinken nehmen sie den Rüssel. Wie mit einem Riesenstrohhalm saugen Elefanten Wasser ein und spritzen es sich in den Mund. Kleine Elefanten trinken die Milch ihrer Mutter mit dem Mund. Sie müssen erst lernen, wie man den Rüssel benutzt.

Ein erwachsener Elefant braucht jeden Tag 140 Liter Wasser. Deshalb bleiben die Herden immer in der Nähe von Wasserstellen. In der Trockenzeit lockern die Elefanten den Boden ausgetrockneter Flüsse mit den Stoßzähnen auf. Dann graben sie mit dem Rüssel ein Loch und trinken.

Am liebsten nehmen die Elefanten ein richtiges Bad. Sie tauchen unter, halten den Rüssel wie einen Schnorchel hoch und wälzen sich im Schlamm. Dann wird der ganze Körper mit Staub bepudert. Das hält Insekten fern.

Eselhengst

Pferdestute

Maultier

Paart sich ein Eselhengst mit einer Pferdestute, dann ist das Fohlen ein Maultier.

Dieses junge Eselfohlen springt noch ein wenig staksig umher. Seine Mutter bleibt immer in der Nähe.

Bei Gefahr sind Esel nicht so schreckhaft wie Pferde. Ein Pferd flüchtet in gefährlichen Situationen, ein Esel bleibt stehen und rührt sich nicht mehr vom Fleck. Da hilft zunächst auch kein gutes Zureden. Eselbesitzer haben dieses Verhalten oft als Ungehorsam gedeutet. Wildesel machen es jedoch genauso. Bei Gefahr drängen sie sich dicht aneinander und bleiben wie angewurzelt stehen. Der Feind wird mit heftigen Huftritten in die Flucht geschlagen.

Die ursprüngliche Heimat des Esels sind warme und trockene südliche Länder. Deshalb verträgt er keine Kälte und Nässe.

Früher gab es rund ums Mittelmeer viele Arbeitsesel und auch Maultiere. Heute sind sie seltener geworden. Esel sind anspruchslose Tiere, denen karges Futter wie Grasbüschel, Dornengestrüpp oder Gartenabfälle genügen. Schwere Lasten tragen sie sicher über schmale, steinige Pfade.

So geht es nicht! Besser ist es, an der Seite des Esels zu gehen und ihn neben sich zu führen. Dann hat er keine Angst und geht gerne weiter. Denn Esel sind äußerst vorsichtige Tiere.

Der Esel

Größe: etwa wie ein Pony
männliches Tier: Hengst
weibliches Tier: Stute
Nahrung: Gras, Heu, Dornranken, Wildkräuter, Blätter
Besondere Merkmale: lange Ohren; ausgezeichnetes Gehör
Tragzeit: 12 Monate; ein Fohlen
Haustier: seit rund 5500 Jahren in Afrika

Esel wälzen sich mehrmals am Tag. Das macht ihnen viel Spaß und ist gut gegen Ungeziefer im Fell.

Wusstest du,

dass Esel nach der Geburt abgeknickte Ohren haben, die am Kopf anliegen? Deshalb nennt man geknickte Buchseiten bei uns Eselsohren.

▲
Der Lebenszyklus eines Monarchen: Aus dem Ei (1) entwickelt sich eine Raupe (2). Wenn sie ausgewachsen ist, spinnt sie sich in eine Hülle, den Kokon, ein und wird zur Puppe (3). Schließlich schlüpft der ausgewachsene Schmetterling (4).

▲
Auf der Welt gibt es über 160 000 verschiedene Schmetterlingsarten. Die meisten leben in den Tropen. Den Glasfalter erkennt man an seinen durchsichtigen Flügeln.

Zierlich leicht schwebt der Eulenfalter von Blüte zu Blüte. Im Unterschied zu vielen anderen Insekten haben Schmetterlinge keine Giftstacheln oder kräftige Kiefer zur Verteidigung. Trotzdem wissen sie sich zu helfen. Sie vertrauen auf Überraschung und erschrecken ihre Feinde. Nähert sich ein Angreifer, klappt der Eulenfalter seine Flügel hoch. Plötzlich scheinen riesige Augen den Feind anzustarren! Der erschrickt, und der Falter flattert schnell in Sicherheit.

Die Flügel eines Schmetterlings sind von unzähligen winzigen Schuppen bedeckt. Wie in einem Mosaik bilden sie Farben und Muster. Manche Flügel schillern wie ein Regenbogen, andere haben eine rauhe Oberfläche und sehen samtig pelzig aus.

Das Leben des Eulenfalters beginnt, wie das aller Schmetterlinge im Ei. Daraus schlüpft eine Raupe. Ihr ganzes Leben besteht aus Fressen. Blatt für Blatt wird abgenagt. Wie alle Insekten haben Schmetterlingsraupen eine feste Außenhaut. Sie kann nicht mitwachsen, daher muß sich die Raupe mehrmals häuten. Nach einigen Wochen, manche brauchen Jahre, ist die Raupe ausgewachsen. Sie spinnt sich eine feste Hülle und wird zur Puppe. In der Puppe verwandelt sich das Tier in einen Schmetterling. Er sprengt die Puppenhülle und entfaltet seine

Der Eulenfalter

Größe:	bis 15 cm Spannweite
Nahrung:	Nektar
Feinde:	Vögel, Eidechsen
Besondere Merkmale:	großer Augenfleck auf den Flügeln; Blütenbesuch in der Abenddämmerung

Wusstest du,

dass Eulenfalter vom Duft gärender Früchte angelockt werden?

Flügel. Noch sind sie feucht und zerknittert. Die heiße Tropensonne trocknet sie schnell. Der Schmetterling kann losfliegen.

Tag für Tag wird er nun von Blüte zu Blüte flattern. Er läßt sich auf einem Blatt nieder und rollt den langen Saugrüssel aus. Damit kann er Nektar aus dem tiefsten Blütenkelch saugen.

Ein Eulenfalter saugt Nektar aus einer Blüte. Auf dem hochgeklappten Flügel ist deutlich der große Augenfleck zu sehen. ▼

Am Boden sind Faultiere hilflos. Auf dem Bauch liegend, ziehen sie sich mit den Armen zentimeterweise vorwärts. An besonderen Plätzen setzen sie ihren Kot ab. Darauf haben die Zünsler-Schmetterlinge, die im Fell des Faultieres von kleinen Algen leben, nur gewartet. Sie verlassen das Fell und legen Eier in die Kothaufen. Frisch geschlüpfte Schmetterlinge fliegen daraus auf und lassen sich im Fell des Faultieres in die Baumwipfel tragen. ◄

Eine Faultiermutter trägt ihr Junges auf dem Bauch umher. ►

Unendlich langsam bewegt sich ein Faultier durch den Urwald. Eine Minute vergeht. Das Faultier hat gerade einmal ein Bein vor das andere gesetzt. Dieses Zeitlupentempo und das grünliche Fell sind der beste Schutz der Faultiere. Raubtiere achten vor allem auf Bewegung. Sie bemerken den behäbigen Gesellen nicht.
Auch die bissigen, angriffslustigen Ameisen lassen sich täuschen. Daher wagen sich nur Faultiere auf Ameisenbäume. In Ruhe können sie Blätter, Zweige und Früchte mit ihren harten, verhornten Lippen abbeißen. Mit kräftigen Mahlzähnen wird die Nahrung zerkleinert. Diese Mahlzähne wachsen während des ganzen Lebens weiter.

Die kräftigen Arme und Beine der Faultiere tragen lange Krallen. Damit hängt sich das Tier mit dem Rücken nach unten an die Äste. Faultiere sind an dieses Leben „verkehrt herum“ gut angepaßt. Ihr Fell ist auf dem Bauch gescheitelt. So kann das Regenwasser gut ablaufen. Die Leber, ein großes, schweres Körperorgan, liegt unter dem Magen am Rücken des Tieres.

Die Faultiere

(5 Arten)

Größe:	50–60 cm
Gewicht:	4–5 kg
Nahrung:	Blätter, Blüten, Früchte
Feinde:	Jaguar, Harpyie (Raubvogel)
Besondere Merkmale:	trinken nicht; dichte, harte Haare, durch Algen grün gefärbt

Der Hals des Faultiers hat neun Wirbel, die es ihm ermöglichen, seinen Kopf weit nach hinten zu drehen.

Faultierkinder lassen sich bequem von der Mutter umhertragen. Sie sind aber viel behender als die Erwachsenen. Wenn die Mutter um einen Ast herumklettert, springen sie auf den Baum und umgehen das Hindernis. Daher nennen die Indios die kleinen Faultiere »Flinke Peterchen«.

Wusstest du,

dass das ausgestorbene Riesenfaultier fast so groß war wie ein Elefant und etwa 7000 kg wog.

Zwei Feldhasen sausen über die Wiese. Im Zickzackkurs geht es auf und ab. Die beiden laufen, als ginge es um ihr Leben. Nur manchmal unterbrechen sie die wilde Jagd für einen kurzen Zweikampf: Sie richten sich auf, und dann trommelt jeder mit den Krallen seiner Vorderpfoten auf den anderen ein.

Wenn Feldhasen sich in wilden Hetzjagden verfolgen oder wie Boxer aufeinander losgehen, dann ist Paarungszeit. In den ersten Februartagen liefern sich männliche Hasen erbitterte Rivalenkämpfe um die weiblichen Tiere. Ein paar Wochen später sind sie wieder friedliche Einzelgänger, keiner kümmert sich mehr um den anderen. Auch Männchen und Weibchen gehen nun wieder eigene Wege.

Der Feldhase

Größe:	Körperlänge 50 bis 70 cm, Gewicht 3 bis 7 kg
Nahrung:	Gräser, Kräuter, Wurzeln, im Winter auch Rinde
Lebenszeit:	etwa 12 Jahre
Feinde:	Marder, Fuchs, Habicht
Besondere Merkmale:	lange, bewegliche Ohren; lange, kräftige Hinterbeine
Typisches Verhalten:	flieht im Zickzackkurs vor seinen Feinden

Wusstest du,

dass ein flüchtender Hase Geschwindigkeiten bis zu 70 Stundenkilometer erreichen kann.

Junge Feldhasen werden im hohen Gras einer Wiese geboren. Ihre Mutter versteckt sie in einer Bodenmulde und läßt sie allein. Feldhasenweibchen bleiben nicht ständig bei ihren Kindern und beschützen sie. Für die Kleinen ist das auch nicht weiter schlimm. Sie haben in den ersten Lebenstagen noch keinen Eigengeruch und sind deshalb vor ihren Feinden sicher. Außerdem werden sie mit einem dichten Fell geboren und müssen nicht ständig von ihren Eltern gewärmt werden wie andere Tierkinder. Sie brauchen nur regelmäßig die Milch ihrer Mutter, sonst würden sie verhungern. Das weiß die Häsin genau. Etwa drei Wochen lang kommt sie stets zu ihren Kindern zurück und säugt sie. Erst danach bleibt sie weg. Aber dann wird sie auch nicht mehr gebraucht. Junge Hasen sind in diesem Alter bereits selbständig. Sie hoppeln durch die Wiese und nagen Grashalme ab.

Mit seinen großen aufgestellten Ohren hört der Feldhase auch die leisesten Geräusche. So kann er drohende Gefahren schnell erkennen und rechtzeitig fliehen.

Im Frühling toben sich Feldhasen so richtig aus. Dabei vergessen sie jede Vorsicht und werden deshalb oft ein Opfer ihrer zahlreichen Feinde.

Lautlos gleitet eine Langnasenfledermaus durch die Nacht. Unhörbar für menschliche Ohren stößt sie Ultraschallschreie aus. Das Echo hört sie mit ihren großen, aufgerichteten Ohren. So erkennt sie jedes Hindernis und jede Beute auch in tiefster Dunkelheit. Jetzt hat sie ein Insekt geortet und ändert die Flugrichtung. Eine rasche Wendung, ein kurzes Schnappen, und sie kann es fressen.

Langnasenfledermäuse leben nicht nur von Insekten, sondern trinken auch Nektar. Mit schwirrenden Flügeln bleiben sie vor einer Blüte in der Luft stehen und stecken ihre lange Zunge in den Blütenkelch. Die Schneidezähne von nektartrinkenden Fledermäusen stehen weit auseinander, so daß die Zunge gut hindurchpaßt. Wenn die Fledermaus die Blüte ausgeschleckt hat, fliegt sie zur nächsten. Manchmal landet sie auch auf einer Blüte und klammert sich mit den Krallen an ihr fest.

Unter den Fledermäusen gibt es viele geschickte Raubtiere. So gleitet das Große Hasenmaul auf der Suche nach Fischen über kleine Gewässer. Ihr Ultraschallradar bemerkt auch die kleinste, aus dem Wasser ragende Flossenspitze. Blitzschnell greifen die dolchartigen Krallen zu. Noch im Flug wird die Beute verzehrt.

Vampirfledermäuse landen lautlos in der Nähe schlafender Tiere und schleichen sich an. Mit ihren scharfen Vorderzähnen schaben sie winzige Wunden in die Haut der Tiere und trinken das Blut. Da sie nur wenig Blut auflecken, schaden sie den Tieren nicht.

Die Fledermäuse

(viele Arten)

Größe:	von 3 bis 16 cm
Gewicht:	bis etwa 40 g
Nahrung:	Insekten, Blütennektar
Feinde:	Raubvögel, Raubkatzen, Schlangen
Besondere Merkmale:	hautartige Flügel; nachtaktiv, schlafen am Tag aufgehängt an den Füßen

Im Schwirrflug schwebt die Langnasenfledermaus über einer Paradiesvogelblüte. Mit ihrer lang ausgestreckten Zunge schleckt sie daraus Nektar. ►

Wusstest du,

dass Fledermäuse mit ihrem Ultraschallradar winzige Insekten im Flug orten können?

Wie auf ein Startsignal verlassen diese Fledermäuse eine Felsenhöhle, in der sie am Tag geschlafen haben, und gehen auf Nahrungssuche. ▼

Ein Fuchs steht unbeweglich im Unterholz, nur seine langen spitzen Ohren spielen: Mal zeigen die Ohrmuscheln nach vorne, mal zur Seite, mal nach hinten. Er horcht auf jedes Geräusch. Ein leises Rascheln verrät ihm, dass eine Maus in der Nähe ist. Leise und vorsichtig pirscht er sich heran, immer mit der Nase am Boden. Jetzt hat er die Maus aufgespürt. Er springt hoch und noch ehe die Maus ihn bemerkt hat, drückt er sie mit seinen Vorderpfoten auf den Boden.

Wenn der Fuchs auf die Jagd geht, setzt er zunächst seine Ohren ein. Für die genaue Ortung seiner Beute braucht er dann aber seine Nase. Füchse haben einen ausgezeichneten Geruchssinn. Ihre Nase ist mit rund 200 Millionen Riechzellen ausgestattet. Das sind einhundertdreißigmal mehr als bei uns Menschen.

Es ist heute nicht leicht einen Fuchs zu Gesicht zu bekommen. Wer diesen scheuen Einzelgänger bei der Jagd beobachten will muss früh aufstehen. Die beste Zeit ihn zu sehen ist kurz vor Sonnenaufgang. In der Morgendämmerung ist er gerne unterwegs. Sobald sich die ersten Sonnenstrahlen zeigen, verschwindet er in seiner Höhle.

Füchse wurden jahrelang vom Menschen verfolgt und getötet. Sie gelten als Überträger der Tollwut, einer für Mensch und Tier gefährlichen Krankheit. Heute versucht man diese Seuche anders zu bekämpfen: Man legt dem Fuchs Fleischstücke aus, in denen ein Medikament gegen die Tollwut enthalten ist. Frisst er dieses Fleisch, ist er vor Ansteckung geschützt und kann die Krankheit auch nicht mehr auf andere Tiere und auf uns übertragen.

Der Fuchs

Lebensraum:	dichte Wälder, Heckenlandschaften
Größe:	Körperlänge 50 bis 90 cm, Gewicht 3 bis 10 kg
Nahrung:	Kaninchen, Wühlmäuse, Vögel, Insekten, Aas und auch Beeren
Lebenszeit:	etwa 12 Jahre
Feinde:	Wolf, Luchs und Adler, wo es sie noch gibt, und der Mensch
Besondere Merkmale:	bernsteinfarbene Augen; buschiger Schwanz, oft mit weißer Schwanzspitze
Typisches Verhalten:	fängt Mäuse im Sprung

In den frühen Morgenstunden spielen junge Füchse gerne vor ihrem Bau. Sie üben dabei alle Bewegungen, die sie später für eine erfolgreiche Jagd brauchen.

Wusstest du,

dass junge Füchse zunächst blaue Augen und ein schiefergraues Fell haben? Erst im Alter von vier bis fünf Wochen werden ihre Augen bernsteingelb, und ihr Fell zeigt die für den Fuchs typische rötlichbraune Farbe.

Ein Fuchs kehrt mit Beute zurück. Das Fuchsweibchen blieb bei den Welpen im Bau.

Wenn ein Fuchs sich bedroht fühlt, zieht er um in einen anderen Bau. Er packt seine Jungtiere im Nacken und trägt sie, eins nach dem anderen, im Maul davon.

Warane können dem Fuchkusu gefährlich werden. Aber das kleine Beuteltier entkommt seinem Feind oft mit einem raschen Sprung auf einen Baum.

Wusstest du,

dass der Fuchskusu ständig feuchte Hand- und Fußflächen hat. Dadurch haftet er sehr gut an den Baumrinden.

Fuchskusus verschlafen die Tage in Baumhöhlen. Erst wenn es Nacht wird, kommen sie heraus.

Der junge Fuchskusu krallt sich im Fell seiner Mutter fest. Sie trägt ihn auf dem Rücken, seitdem er nicht mehr in ihren Beutel paßt.

Fuchskusus gehören zu einer der häufigsten Beuteltierarten in Australien. Sie leben in Eukalyptuswäldern und in den Bäumen der Mangrovensümpfe. Sogar auf Dachböden in der Stadt, zwischen Balken und Ziegeln, fühlen sie sich heimisch.

Der Fuchskusu ist ein Überlebenskünstler. Auch bei seiner Nahrung ist er nicht wählerisch. Neben Früchten, Blüten, Gras und Kräutern frißt er auch Eukalyptusblätter. Sogar giftige Mistelblätter können seinem Magen nichts anhaben. Denn ein besonderer Stoff in der Leber des Fuchskusus macht das Gift unschädlich.

Wo der Fuchskusu Eukalyptuswälder bevölkert, werden die Bäume stark und groß, weil er sie von schädlichen Misteln befreit. Die ranken sich nämlich um die Äste und saugen wichtige Nährstoffe aus dem Baum.

Fuchskusus sind extreme Kletterkünstler. Normalerweise ist es mühsamer einen Baum hochzuklettern, als am Stamm hinunter zu laufen. Der Fuchskusu beschleunigt jedoch, wenn es nach oben geht. Im Geäst suchen sich die Tiere besonders dünne, fast waagerechte Äste, um darauf entlang zu laufen. So können die Fuchskusus den Katzen, ihren Hauptfeinden in der Stadt, entkommen.

Der Fuchskusu

Größe:	ratten- bis fuchsgroß
Gewicht:	2 - 4,5 kg
Nahrung:	Früchte, Blüten, Kräuter, Eukalyptusblätter
Feinde:	Dingo, Python, Riesenwaran, Katze
Jungtiere:	nach der Geburt 4 bis 5 Monate im Beutel
Besondere Merkmale:	nachtaktiv; besitzt einen Greifschwanz

Ein unterirdisches Hummelnest im Garten. Die Larven sind aus ihrer ersten Wiege, dem Wachsnäpfchen, längst herausgewachsen und haben sich zur Verpuppung einzeln in runde Kokons eingesponnen. Nach 7–10 Tagen schlüpfen die Arbeiterinnen. Sie bauen neue Wachsnäpfchen für weiteren Nachwuchs. Hummeln erzeugen durch Flügelzittern in ihren Nestern Brutwärme für die Eier und für die Entwicklung der Larven in den braunen Kokons.

Mit tiefem Summton fliegt eine dicke Hummel niedrig über die Blumenwiese und läßt sich auf einer Aster nieder. Sie saugt Nektar und fliegt weiter zum Rand des Gartenweges. Dort kreist der dicke Brummer dicht über dem Boden, und du kannst sehen, wie bunt gezeichnet die Hummel ist. Das schwarzpelzige Tier trägt einen goldgelben Kragen, auch in Höhe der Taille ist es goldfarben. Plötzlich verschwindet das Tier in einem Mauseloch. Gerade noch kannst du sein weißpelziges Hinterteil aufblitzen sehen.

Du hast eine Gartenhummel entdeckt. Sie ist eine der wenigen Hummelarten, die im Spätsommer zum zweiten Mal im gleichen Jahr ein Nest baut und Nachkommen aufzieht.

Bei der Suche nach einem Nistplatz ist die Gartenhummel-Königin nicht besonders wählerisch. Die Hauptsache ist, die Brut wächst geschützt und trocken auf. Dafür sind verlassene, unterirdische Mäusenester ebenso recht wie oberirdische, alte Vogelnester, Nistkästen oder Baumhöhlen. Auch Ställe, Scheunen, Schuppen oder Dachböden können der Königin gefallen. Mit ihren Kreisflügen um das Mauseloch hat sie gezeigt, daß ihr der Nistplatz zusagt. Gleichzeitig prägt sie sich dabei den Ort und die Umgebung genau ein, so daß sie die Stelle später jederzeit wieder findet.

Die Gartenhummel

Größe:	1,2 cm (Arbeiterin) bis 2,2 cm (Königin)
Nahrung:	Nektar aus Gartenblumen, Obstbaumblüten
Fortpflanzung:	Königin legt Eier; Larven schlüpfen und verpuppen sich; daraus entwickeln sich Hummeln
Feinde:	kleine Säugetiere, Neuntöter, Wachsmotte, Schlupfwespe
Besondere Merkmale:	staatenbildende Insekten; sehr langer Rüssel
Typisches Verhalten:	50–100 Tiere bilden ein Hummelvolk

Unten im Mauseloch zerbeißt die junge Königin das vorgefundene Nistmaterial. Das sind trockene Pflanzenfasern und Mäusehaare. Daraus formt sie ihre dicke Nestkugel und baut Vorratsbehälter für Honig hinein. Als Baumaterial dient Wachs, das sie an der Unterseite ihres Hinterleibs ausschwitzt. Vor der Eiablage sammelt sie Pollen als Vorrat zur Ernährung der später schlüpfenden Larven.

Eine Gartenhummel beim Blütenbesuch an einer Flockenblume. Mit ihrem bis zu 2 cm langen Rüssel kommt sie auch in lange, enge Blütenröhren.

Wusstest du,

dass eine Hummel dreimal so viele Blüten besucht wie eine Honigbiene? Täglich braucht sie schon allein für sich den Nektar von 450 Blüten.

Der Gaukler

Größe:	80 - 85 cm, Flügelspannweite 170 -185 cm
Gewicht:	2 - 3 kg
Nahrung:	Schlangen, Eidechsen, Kleintiere und Aas
Feinde:	keine
Besondere Merkmale:	lange Flügel; fliegt täglich 300 - 500 km

Wusstest du,

dass Gaukler die besten Flugkünstler sind? Sie können Saltos in der Luft schlagen und sogar auf dem Rücken fliegen.

Der Gaukler sitzt noch auf dem Schlafast. Sein Partner ist schon gestartet und steigt in die Höhe.

Die großen Augen und der gebogene Schnabel zeigen ganz deutlich: Der Gaukler ist ein Beutegreifer.

Der Kampfadler ist ebenfalls ein Beutegreifer. Er lebt auch in der Savanne.

Die heiße Sonne hat die Savanne aufgewärmt. Warme Luft steigt nach oben. Ein Gaukler ist schon losgeflogen und läßt sich in die Höhe tragen. Auch der andere wird sich gleich in die Luft erheben. Mit starken, kräftigen Flügelschlägen schraubt er sich höher und höher. Die aufsteigende Luft erleichtert seinen Steigflug. Endlich erreicht er den höchsten Punkt seines Fluges. Nun segelt er, ohne Kräfte zu verbrauchen, hoch über der Savanne Afrikas.

Mit scharfen Augen späht der Gaukler nach unten. Entdeckt er dort eine Schlange, Eidechse oder ein kleines Tier, stößt er mit angelegten Flügeln im Sturzflug herab. Mit sicherem Griff seiner tödlichen Fänge packt er die Beute. Ist die Nahrung knapp, frißt der Gaukler sogar Aas. Manchmal jagt er auch anderen Vögeln im Flug ihre Beute ab.

Gaukler sind fantastische Flugkünster. In der Luft rollen sie um ihre Achse, sie können Saltos fliegen und pfeilschnell im Sturzflug herabsausen. Während der Balz schlagen sie im Flug klatschend ihre Schwingen zusammen und machen Purzelbäume in der Luft. Sogar auf dem Rücken können sie fliegen. Männchen und Weibchen gleiten übereinander her und fassen sich an den Fängen. Die beiden bleiben ein Leben lang zusammen und zeigen sich auf diese Weise, daß sie zueinander gehören.

Ihren Horst bauen die Gaukler in hohen Bäumen aus Ästen, Zweigen und Blättern. Das Weibchen legt immer nur ein einziges Ei, das beide Eltern abwechselnd bebrüten. Meistens stellt sich noch ein dritter Gaukler ein. Man nennt ihn den Helfer. Er sitzt neben dem Nest auf einem Ast und hält Wache.

Ein merkwürdiger Kampf: Wütend greift das Warzenschwein einen Kampfadler an. Wahrscheinlich wollte der sich eines der Jungen holen.

Nach sechs Wochen schlüpft der kleine Gaukler aus seinem Ei. Am Anfang wird er nur von der Mutter gefüttert. Dann wechseln sich die Eltern ab. Einer bleibt in der Nähe des Nestes und paßt auf. Der andere ist unterwegs und sucht nach Beute, denn das Junge hat jetzt dauernd Hunger. Nach drei Monaten macht das Junge seine ersten Flugversuche. Zuerst kehrt es immer wieder ins sichere Nest zurück. Dann werden die Ausflüge immer länger. Erst nach einem halben Jahr ist es ausgewachsen. Dann verläßt der Gaukler seine Kinderstube und sorgt für sich selbst.

Männchen und Weibchen des Gelbrandkäfers kann man gut unterscheiden. Die Flügeldecken des Männchens sind glatt, dunkelgrün und leicht glänzend. Das Weibchen hat braune, gefurchte, fast stumpfe Flügeldecken. Beide sind typische Wasserkäfer. Ihr Körper ist leicht abgeflacht, ihre Hinterbeine sind behaart. Sie schwimmen gut und kommen im Wasser erstaunlich schnell vorwärts.

Langsam erwärmt die Frühlingssonne den Teich. Der Gelbrandkäfer wacht auf. Er hat den Winter in einem leeren Schneckenhaus im Bodenschlamm verschlafen. Träge kriecht er aus seinem Versteck. Nach dieser langen Ruhepause hat er Riesenhunger. Keine Molchlarve, keine Kaulquappe ist nun vor ihm sicher. Selbst Fische, die größer sind als er, greift dieser gefräßige Räuber an.

Schon bald bohren die Weibchen ihre Eier in Blätter und Stengel von Wasserpflanzen. Wenige Tage später schlüpfen daraus schlanke Larven. Auch sie sind ständig hungrig und überfallen alles, was sich im Teich bewegt. Sie packen ihre Beutetiere mit zwei kräftigen Zangen am Mund und spritzen Verdauungssaft in deren Körper. Dadurch werden die Organe ihrer Opfer in einen flüssigen Brei verwandelt. Den schlürfen sie auf. Zurück bleibt nur eine leere Hülle. Aber dann, am Ende des Sommers, haben die Larven erst einmal genug von Kaulquappen, Wasserinsekten und kleinen Fischen. Sie krabbeln an Land und graben sich eine Erdhöhle am Ufer. Dort verpuppen sie sich. Nach zwei bis drei Wochen Puppenruhe schlüpft der Gelbrandkäfer und kehrt ins Wasser zurück.

Das Männchen des Gelbrandkäfers hat an den Vorderbeinen je einen großen, einen mittelgroßen und sehr viele winzig kleine Saugnäpfe.

Zur Paarung klettert es auf den Rücken seines Weibchens und hält sich dort mit diesen vielen Saugnäpfen fest. Oft läßt es sich tagelang herumtragen.

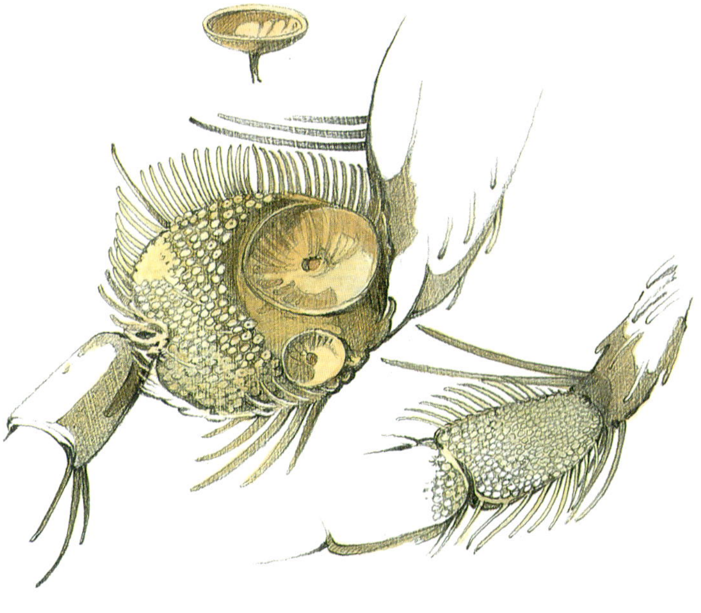

Der Gelbrandkäfer

Lebensraum: pflanzenreiche, tiefe Teiche
Größe: 35 mm
Nahrung: Molch- und Froschlarven, Wasserinsekten, kleine Fische
Lebenszeit: 2 bis 3 Jahre
Feinde: Fische, Wasservögel
Besondere Merkmale: Halsschild und Flügel werden von einem breiten gelben Streifen umrahmt
Typisches Verhalten: schwimmt bei Störung sofort in die Tiefe

Gelbrandkäfer müssen zum Atmen ihren Hinterleib aus dem Wasser strecken. Sie nehmen sich unter den Flügeln einen Luftvorrat mit in die Tiefe. Ist dieser kleine Vorrat aufgebraucht, müssen sie wieder zum Lufttanken an die Wasseroberfläche.

Wenn ihr euch auf leisen Sohlen einem Teich nähert, könnt ihr mit etwas Glück diesen schönen Schwimmkäfer beobachten. Er hängt meist kopfabwärts an der Wasseroberfläche und tankt Luft.

Wusstest du,

dass eine einzige Gelbrandkäferlarve während ihrer Entwicklung bis zu 900 Kaulquappen frisst?

Diese Gelbrandkäferlarve packt sich gerade einen kleinen Fisch.

Der Gerenukbock hoppelt weiter zum nächsten Baum. Gerenuks leben am Rand der Savanne. Sie essen kein Gras, sondern lieben die zarten, grünen Blätter von Sträuchern. Sogar kleine Bäume können sie erreichen. Dazu stellen sich die Gerenuks auf die Hinterbeine, stützen sich mit den Vorderbeinen auf einen Ast und knabbern Knospen, Blätter und junge, grüne Zweige. Keine andere Gazelle erreicht diese Nahrung.

Gerenuks sind Wiederkäuer. Haben sie genug gegessen, machen sie eine lange Ruhepause. Nach und nach würgen sie die vorverdaute Nahrung wieder hoch und kauen sie noch einmal gründlich durch. Richtigen Schlaf brauchen sie kaum. Eine oder zwei Stunden am Tag reichen einem Gerenuk völlig aus.

Nur Gerenuks können frei auf ihren Hinterbeinen balancieren.

Der Bock kennt sein Revier ganz genau. Es ist riesig groß, denn er muß dort das ganze Jahr über frische Blätter finden. Als Signal für andere Böcke markiert er Baumstämme und Äste mit einem Sekret. Im selben Revier leben auch die Weibchen des Gerenuk. Man nennt sie Geißen. Gerenuks bilden keine großen Herden, sondern kleine Familien von höchsten zehn Tieren.

Der Gerenuk

Größe:	Bock 155-160 cm lang, Geiß 140-155 cm
Gewicht:	Bock 35-50 kg, Geiß 30-40 kg
Nahrung:	Blätter, Knospen, junge Zweige, Früchte
Feinde:	Geparden, Leoparden, Löwen, Hyänen und Wildhunde
Besondere Merkmale:	langer, schlanker Hals; nur die Böcke tragen Hörner

Die Geißen bringen immer nur ein einziges Junges zur Welt. Bei der Geburt wiegt es lediglich 3 kg. Die Mutter bringt es sofort in ein sicheres Versteck. Eng an den Boden gedrückt, bleibt es den ganzen Tag liegen. Diese Tarnung ist sein einziger Schutz vor hungrigen Raubtieren. Die Geiß paßt genau auf. Und nur wenn sie keinen Feind erspäht, nähert sie sich vorsichtig ihrem Kind. Dann trinkt das Kleine Milch, bis es satt ist.

Im dichten Gebüsch fühlen sich auch die erwachsenen Gerenuks sicher. Wittern sie einen Feind, erstarren sie völlig regungslos. Dann sind sie kaum zu erkennen. Nur ihre Augen folgen dem Eindringling. Erst wenn der gefährlich nahe kommt, galoppieren sie davon.

Wusstest du,

dass Gerenuks ganz ohne Wasser auskommen können? Ihnen reicht die Feuchtigkeit in ihrer Nahrung.

Gerenuks sind scheue Tiere, die niemals ihr Revier verlassen.

Zum Essen stellen sich die Gerenuks auf die Hinterbeine. Sie stützen sich mit den Vorderbeinen ab und knabbern an Blättern und zarten Zweigen.

Die Giraffe

Größe:	Kopfhöhe 4,70-5,30 m; die Weibchen sind etwas kleiner
Gewicht:	Männchen 800-1900 kg, Weibchen 550-1180 kg
Nahrung:	Blätter
Feinde:	Löwen, Leoparden
Besondere Merkmale:	jede hat eine andere Fellzeichnung; kommt schon mit Hörnern auf die Welt; muß 12 Stunden am Tag essen

Giraffen weiden die hohen Schirmakazien ab. Kein anderes Tier kann ihnen diese Nahrung streitig machen.

Nichts wie weg! Zwei Warzenschweine galoppieren davon. Immerhin sind die Augen der Giraffe ein paar Stockwerke höher, und ihre Füße können kräftig zuschlagen.

Die Weide der Giraffen liegt hoch über dem Savannenboden. Sie essen die Blätter von Schirmakazien. Die scharfen, spitzen Dornen dieser Bäume machen ihnen nichts aus. Mit einer 50 cm langen Zunge greifen die Giraffen nach einem Zweig und ziehen ihn in den Mund. Zwischen den Zähnen und dem harten Knochenwulst am Oberkiefer halten sie den Zweig fest und streifen die Blätter ab.

Eine wachsame Giraffe fürchtet keinen Feind. Sie sieht sehr gut und erspäht einen Löwen schon aus großer Entfernung. Mit ihren kräftigen Hufen kann sie sich gut wehren. Nur beim Trinken ist sie fast hilflos. Sie muß ihre Vorderbeine weit grätschen oder sich hinknien, dann erst erreicht ihr Kopf die Wasseroberfläche. Manchmal lauern hungrige Löwen trinkenden Giraffen an der Tränke auf. Deshalb sichern Giraffen erst gründlich, ehe sie sich zum Trinken niederlassen.

Wusstest du,

dass eine Giraffe 7 Halswirbel hat, genauso viele wie ein Mensch? Sie sind nur viel länger.

Mit ihrer langen Zunge streift die Giraffe die Blätter von den Zweigen. Die spitzen Dornen machen ihr nichts aus.

Es ist gar nicht so leicht, mit dem Mund ans Wasser zu kommen. Am einfachsten geht es breitbeinig.

Giraffen leben in Gruppen. Die Männchen kämpfen um ihren Rang. Sie stellen sich nebeneinander und schlagen ihren Kopf gegen Hals und Körper des anderen. Nur die stärksten Bullen werden Vater. Nach 15 Monaten bringen die Giraffenkühe ein einziges Baby zur Welt. Sie bleiben bei der Geburt stehen, daher plumpst das Kleine aus mehr als zwei Meter Höhe zu Boden. Schon bald rappelt es sich auf und trinkt Milch.

Der Graureiher

Größe:	90-95 cm
Gewicht:	1-2 kg
Lebensraum:	Gewässer Europas, Asiens und Afrikas
Feinde:	keine
Beute:	Fische, Frösche, kleine Säugetiere
Beutefang:	speerartig spitzer Schnabel

Die Jagd war erfolgreich, der Graureiher hat sein Opfer aufgespießt. Er löst den Fisch aus seinem Schnabelspeer, dreht ihn herum und schluckt ihn mit dem Kopf voran ganz herunter. So verklemmen sich weder Gräten noch Flossen in seinem langen Schlund.

Der Graureiher ist ein sehr geschickter Jäger. Er steht völlig unbeweglich am Ufer oder im flachen Wasser und späht nach Fischen. Schwimmt ein Fisch in die Reichweite seines Schnabels, stößt der Reiher blitzschnell zu und spießt ihn auf. Bei der Wahl seiner Nahrung ist der Graureiher nicht wählerisch. Er fängt auch Frösche, Mäuse und manchmal sucht er sogar auf Feuchtwiesen und Feldern nach Insekten.

Graureiher brüten in Kolonien in Baumnestern. Hat sich ein Paar gefunden, bessern die beiden den Horst aus. Dann legt das Weibchen Eier, und beide Eltern wechseln sich mit dem Brüten ab. Auch die geschlüpften Jungen werden von beiden gefüttert. Die Eltern bringen die Nahrung in ihrem Magen zum Nest und würgen sie in die offenen Schnäbel ihrer Jungen. Daher kommt unser Ausdruck »reihern« für jemanden, der sich übergeben muss.

In der Familie der Reiher gibt es über sechzig Arten. Sie leben überall auf der Welt, immer da, wo es Wasser gibt. Der kleinste Reiher ist die Indianerdommel mit nur hundert Gramm Gewicht, die größte der Goliathreiher mit einem Gewicht von 2600 Gramm und einer Größe von 150 Zentimeter. Trotz der Größenunterschiede jagen alle Reiher auf die gleiche Art und Weise.

Der Graureiher hat einen Fisch aus dem Wasser gespießt und wird ihn gleich verschlucken.

Stell dir vor,
Reiher können ihre Beute sogar schwimmend fangen. Dann starten sie vom Wasser wieder in die Luft. Heute finden Reiher nur noch wenig fischreiche Seen und Tümpel. Deshalb »besuchen« sie auch Fischteiche von Züchtern.

Der Tigerreiher lebt im Urwald von Brasilien. Er ist ein genauso geschickter Fischjäger wie unser Graureiher.

Der Grizzly

Größe:	aufgerichtet bis zu 2,50 m
Gewicht:	150–400 kg
Nahrung:	Früchte, Beeren und Knollen; Elche, Karibus, kleine Säugetiere, Lachse, Aas
Feinde:	keine
Besondere Merkmale:	haben einen Buckel; an den flachen Tatzen sitzen gerade Krallen, mit denen sie jede Beute schlagen, aber nicht gut klettern können

Der Frühling ist die Zeit der mageren Kost für Grizzlys. Sie müssen sich von Wurzeln, Pflanzen und kleinen Tieren ernähren. Mancher hat mehr Glück und erwischt ein krankes Karibu oder einen geschwächten Elch. Das reicht für ein paar Tage. Damit ihnen niemand den leckeren Brocken wegschnappt, verstecken ihn die Bären gut. Grizzlys sind Einzelgänger, die allein durch die Wälder und Ebenen Alaskas ziehen.

Nur im Sommer kann man mehrere Grizzlys an einem Fleck beobachten. Dann versammeln sie sich an den Flüssen und warten auf Lachse. Kleine Wasserfälle und Stromschnellen sind die besten Jagdgründe. Hier müssen sich die Lachse ausruhen und dann hoch aus dem Wasser schnellen. Jeder Grizzly kennt einen anderen Trick. Manche warten am Wasserfall und greifen die springenden Lachse mit dem Maul aus der Luft. Andere waten im flachen Wasser und schleudern die Fische mit einem Tatzenhieb an Land.

Die stärksten Bären sichern sich die besten Plätze am Wasser, aber das Festmahl reicht für alle. Daher trauen sich nun auch die Bärenmütter mit ihren Jungen ans Wasser. Hungrige Grizzlys fressen nämlich manchmal auch kleine Bären. Die Jungen sind jetzt ein halbes Jahr alt. Sie sind sehr tapsig und müssen noch viel lernen. Immer wieder patschen sie mit den Tatzen ins Wasser und versuchen, einen der dicken Lachse zu erwischen. Meist ist der aber längst weg.

Tag für Tag kommen die Grizzlys zum Lachsfang und mästen sich eine dicke Fettschicht für den Winter an. Schließlich fressen sie nur noch die leckersten Stücke und lassen die Reste liegen. Darauf haben Vögel und kleine Raubtiere, die selber keine Lachse fangen können, nur gewartet. Auch sie bekommen jetzt ihren Anteil. Irgendwann kommen keine Lachse mehr. Das tägliche Festmahl am Fluß ist zu Ende.

Die Grizzlys trollen sich wieder zurück in die einsame Wildnis. Bis zum Winter haben sie noch etwas Zeit. Sie fressen nun Beeren, Früchte und Wurzeln. Wenn der erste Schnee fällt, ziehen sie sich in eine Höhle zurück und ruhen bis zum Frühjahr. Diesen Winter dürfen die kleinen Bären noch mit ihrer Mutter in der Höhle verbringen. Im nächsten Winter wird sie neue Babys bekommen. Dann sind die kleinen Grizzlys auf sich allein gestellt. Für die Indianer war die Jagd auf Grizzlys eine besondere Mutprobe. Nur die stärksten Krieger wagten den Angriff. Die Grizzlykrallen trugen sie als Zeichen ihres Mutes als Kette um den Hals.

Diese jungen Grizzlys kümmern sich nicht um Lachse. Sie tollen ausgelassen im Wasser herum.

Wusstest du,

dass der plump wirkende Grizzly so schnell rennen kann wie ein galoppierendes Pferd?

Der Grizzly wird den Lachs sicher nicht ganz verzehren. Geduldig wartet die Polarmöwe ab, bis sie sich die Reste holen kann.

Gemächlich streunt ein Gürteltier auf der Suche nach Beute durch das Unterholz. Äste, Zweige, sogar Dornen machen ihm nichts aus. Der dicke Panzer aus Hautknochen schützt gegen alle Verletzungen. Plötzlich hält das Tier inne. Es hat ein Ameisennest gerochen. Erde spritzt hoch. Mit kräftigen Grabfüßen buddelt das Gürteltier ein Loch. Es scheint buchstäblich in der Erde zu versinken. Mit dem langen zugespitzten Kopf wühlt es sich durch den Boden. Endlich hat es das Ameisennest erreicht. Seine wurmförmige Zunge ist mit kleinen Warzen und klebrigem Schleim bedeckt. Daran bleiben die Ameisen haften, und das Gürteltier kann sich sattfressen. Wenn es keine Ameisen findet, ernährt sich das Gürteltier auch von Schnecken, kleinen Würmern und Wurzeln.

▲ Das Riesengürteltier verläßt seine Erdhöhle. Mit einem Meter Länge ist es das größte lebende Gürteltier.

Das Neunbinden-Gürteltier hat eine Erdmulde gegraben und steckt die Schnauze tief in den Boden. Es hat Ameisen gerochen und leckt sie nun mit seiner klebrigen Zunge auf. ▶

Wusstest du,

dass Gürteltiere besonders feine Nasen haben? Sie riechen sogar Würmer und Insekten, die bis zu 20 cm tief im Boden leben.

Gürteltiere

(21 Arten)

Größe: das kleinste ist 12 cm, das größte 100 cm lang
Gewicht: von 90 g bis 55 kg
Nahrung: Insekten, Schnecken, Würmer und Wurzeln
Feinde: Jaguar
Besondere Merkmale: unbehaarter Panzer aus Hautknochen, am Bauch offen; kann 6 Minuten lang die Luft anhalten

Gürteltiere sind schnelle Läufer und rennen bei Gefahr einfach weg. Werden sie überrascht, rollen sie sich blitzschnell zu einer Kugel zusammen. Dann gelingt es selbst dem Jaguar nicht, den Panzer zu knacken.

Gürteltiere sind sehr anpassungsfähig und fühlen sich fast überall zu Hause. Bis nach Nordamerika sind sie gewandert. Forscher haben herausgefunden, daß Gürteltiere wahrscheinlich nur schwarz-weiß und nicht farbig sehen können.

Eine Gürteltiermutter bringt immer eineiige Vierlinge zur Welt. Die Kleinen sind während ihrer ersten Lebenswochen durch Hautschuppen geschützt, darunter bildet sich der harte Knochenpanzer.

Die Ohren des Hamsters
wirken wie Schalltrichter.
Damit hört er auch
das leiseste Geräusch.

Ein Hamster steht hoch aufgerichtet am Rand eines Feldes. Aufmerksam lauscht er in alle Richtungen. Erst wenn er sicher ist, daß wirklich kein Fuchs und kein Hermelin in der Nähe ist, geht er auf Nahrungssuche. In Windeseile sammelt er Getreideähren, Mohrrüben, Kartoffeln und anderes, was er gerne mag. Sogar Wegschnecken und Schmetterlingsraupen nimmt er mit. Das alles stopft er in seine Backentaschen, bis diese randvoll sind. Dann flitzt er zurück in seinen Bau. Ein Hamster frißt nichts sofort, selbst wenn er noch so hungrig ist. Er trägt alles in seine unterirdischen Lagerhallen. Dort kann er in Ruhe speisen.

Der Hamster hortet unter der Erde riesige Mengen an Futter, viel mehr, als er je in seinem Leben brauchen kann. Sein Sammel-

Der Hamster

Größe: etwa so groß wie ein Meerschweinchen
Nahrung: Getreide, Gemüse, Kräuter; aber auch Würmer, Schnecken, Insekten und Jungvögel
Lebenszeit: etwa 10 Jahre
Feinde: Fuchs, Iltis, Hermelin, Uhu
Besondere Merkmale: geräumige Backentaschen, in denen er seine Nahrung nach Hause trägt
Typisches Verhalten: legt große unterirdische Vorratslager an

Vor dem Hermelin sollte sich ein Feldhamster in acht nehmen.

trieb ist nicht umsonst sprichwörtlich bekannt. Wer aber soviel Wohlschmeckendes anhäuft, muß auch mit Dieben rechnen. Viele Tiere machen sich die Nahrungssuche einfach und stehlen die Vorräte des Hamsters: Feldmäuse graben sich zu seinen Kornkammern vor und plündern sie, ebenso Fasane und Rebhühner. Manchmal sind diese Einbrecher so dreist, daß sie alles mitnehmen und ihm nicht ein Körnchen übriglassen. Im Sommer ist das nicht weiter schlimm. Dann geht er eben wieder hamstern. Passiert ihm das jedoch im Winter, muß der Hamster trotz seiner Sammelleidenschaft verhungern.

Im September bereitet der Hamster seinen Bau für den Winter vor. Er verlegt seine Schlafkammer tiefer in die Erde und polstert sie warm und weich mit Gras aus. Dann rollt er sich ein und schläft.

Sein Winterschlaf dauert aber nicht bis zum nächsten Frühling. Der Hamster wird auch in der kalten Jahreszeit zwischendurch immer wieder wach. Alle zwei bis drei Tage weckt ihn der Hunger aus seinem Schlaf. Dann muß er aufstehen, in seine Vorratskammer laufen und etwas fressen. Erst wenn sein Magen nicht mehr knurrt, kann er ungestört weiterschlafen.

Steht der Hamster unerwartet einem Feind gegenüber, richtet er sich drohend auf und greift mutig an. Wenn es ernst wird, setzt er ohne Scheu seine scharfen Nagezähne ein. Sie sind eine gefährliche Waffe. Ein Uhu, der den Hamster aus der Luft angreift, muß schon sehr genau zupacken. Sonst wird er vielleicht selbst verletzt.

Wusstest du,

dass der Hamster in den Vorratskammern seines Baues bis zu 50 kg Getreidekörner, Möhren, Kartoffeln, Kohl und anderes hortet? Selbst Blütenköpfchen von Dahlien fand man schon bei ihm.

Im Gegensatz zum Emu, seinem nahen Verwandten, der in einer offenen Landschaft lebt, bewegen sich Kasuare im Dickicht in waagerecht gestreckter Haltung vorwärts. So können sie schnell durchs Dickicht schlüpfen.

Werden Kasuare angegriffen, können sie sehr gefährlich werden. Mit ihren dolchartig bekrallten Zehen jagen sie sogar streunende Hunde in die Flucht.

Am Boden, im dichten Unterholz des Regenwaldes lebt der Helmkasuar, ein großer flugunfähiger Vogel. Weil er sich sehr vorsichtig und lautlos bewegt, ist er trotz seiner Körpergröße kaum zu entdecken. Bei Gefahr rennen Kasuare fast immer rasch davon. Flüsse und Sümpfe sind für Kasuare ebenfalls keine Hindernisse, denn sie schwimmen ausgezeichnet.

Um jedoch im Unterholz leben zu können, hat sich das Aussehen des Kasuars im Laufe der Zeit beträchtlich verändert. Seine Federn wurden borstenartig. So schützen sie ihn vor Dornen und Ästen. Außerdem halten sie Wasser ab. Das ist sehr wichtig in den stets feuchten Regenwäldern. Auf dem Kopf wächst dem Vogel ein Helm aus Horn. Damit kann er das dichte Unterholz zerteilen.

Kasuareier sind sehr groß. Sie wiegen oft mehr als ein Pfund. Rechts ist ein Hühnerei zum Vergleich abgebildet.

Der Helmkasuar

Größe:	etwa so groß wie ein Storch
Gewicht:	ca. 85 kg
Nahrung:	Früchte, Samen, Blätter, Insekten
Feinde:	Fuchs
Jungtiere:	3 – 8 Eier werden etwa zwei bis drei Monate gebrütet
Besondere Merkmale:	der Vater kümmert sich allein um die Brutpflege

Das Kasuarmännchen sorgt für seinen Nachwuchs. Es führt die Jungen zu Futterplätzen und zeigt ihnen Beerenfrüchte und Nüsse.

Wusstest du,

dass unter der Hornschicht der Helm eines Kasuars aus Knochen besteht?

Wie sein Verwandter, der Emu, sorgt das Männchen bei den Kasuaren für den Nachwuchs. Hat das Weibchen die Eier ins Nest gelegt, brütet der Vater sie aus. Nähert sich dem Nest ein Feind, springt der Vogel auf und flitzt in entgegengesetzter Richtung davon. Dabei täuscht er Schwäche oder eine Verletzung vor. Der Jäger glaubt, leichte Beute zu haben, und jagt dem Kasuar nach. Ist der Kasuar jedoch weit genug vom Nest entfernt, läuft er schnell weg. Spürt er den Feind aber schon im Rücken, stellt sich der Kasuar wehrhaft zum Kampf. Seine Klauen sind sehr gefürchtet.

Der Hoatzin

Lebensraum:	tropischer Regenwald in Südamerika
Größe und Gewicht:	etwa 10 cm; 30 g
Geschwister:	2-5
Geburt:	nach 28 Tagen im Ei
Nahrung:	vorverdaute Nahrung
Feinde:	Baumschlangen
Dauer der Kindheit:	flügge nach 14 Tagen

Erwachsene Hoatzins passen gut auf ihre Jungen auf.

Mit einem kühnen Kopfsprung rettet sich der kleine Hoatzin ins Wasser. Hat sich die hungrige Schlange verzogen, klettert er zurück in den Baum.

Geschickt wie ein Äffchen klettert der kleine Hoatzin durch das Geäst. Schon wenige Tage nach dem Schlüpfen verlassen junge Hoatzins das Nest und erkunden ihren Baum. Mit den Füßen und Flügelkrallen am ersten und zweiten Finger halten sie sich fest. Kein anderer Vogel auf der Welt kann das. Zum Ausruhen und Füttern kehren alle wieder ins Nest zurück. Die Großen passen auf die Jungen auf. Entfernt sich eines zu weit, wird es zurückgescheucht. Werden sie erwachsen, verlieren Hoatzins ihre Flügelkrallen.

Hoatzins brüten in Kolonien. Mehrere Eltern bauen ihre Nester gemeinsam in Bäumen über einem Fluß. Die Hoatzins brauchen nicht lange nach einem geeigneten Platz zu suchen, denn in der Regenzeit überschwemmen die Flüsse große Teile des Waldes. Das Nest ist aus dicken Zweigen geflochten und wird nicht gepolstert. Indios, die Hoatzins von einem Kanu aus beobachten, können die Eier durch die Zweige schimmern sehen.

Die Nester werden absichtlich über dem Wasser angelegt. Kommt eine Baumschlange bedrohlich nahe, lassen sich die Jungen einfach ins Wasser plumpsen. Dort paddeln sie so lange herum, bis die Schlange weg ist. Dann klettern sie zurück in den Baum. Alte

Es ist Regenzeit. Der Urwaldfluß hat den Wald überschwemmt. Ein Tapir schwimmt durch das Wasser. Die kleinen Hoatzins in ihrem Dunenkleid klettern neugierig durch den Baum.

Hoatzins meiden das Wasser. Bei Gefahr flüchten sie in die Luft. Besonders gute Flieger sind sie aber nicht. Sie schaffen es nur, von Baum zu Baum zu flattern.

Erwachsene Hoatzins ernähren sich von Blättern, Blüten und Früchten, die sie in einem Kropf verdauen. Zur Fütterung sperren sie ihren Schnabel weit auf. Die Jungen holen sich den vorverdauten Nahrungsbrei direkt aus dem Kropf. Weil die Blätter im Kropf fürchterlich riechen, nennen die Indianer den Hoatzin »Stinkvogel«.

Wusstest du,

dass junge Hoatzins die einzigen Vögel mit Krallen an den Flügeln sind? Nur der ausgestorbene Urvogel, der Archaeopteryx, hatte solche Krallen.

Königin Drohne Arbeitsbiene

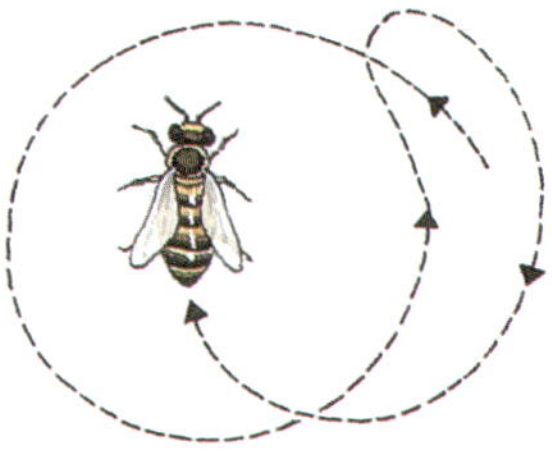

Hat eine Biene eine ergiebige Futterquelle entdeckt, meldet sie das sofort durch einen Tanz im Bienenstock. Nektarreiche Blüten in der Nähe werden mit einem Rundtanz gezeigt: ein Kreis links herum, der nächste rechts. Bald haben es alle verstanden.

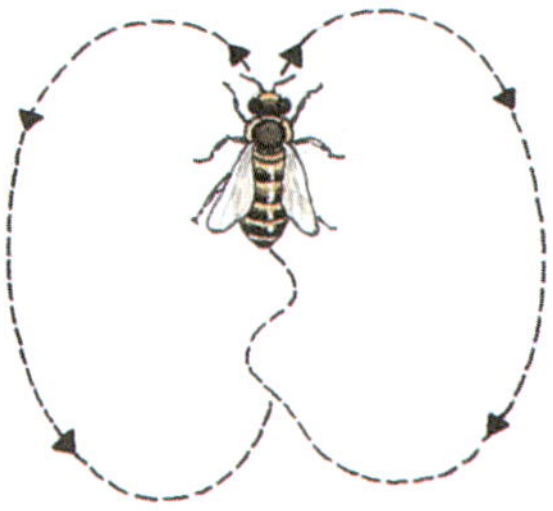

Besondere Blütenfelder, die vom Stock weiter als 80 Meter entfernt sind, zeigt die Biene mit einem Schwänzeltanz. Dabei zeigt sie den Winkel zwischen der Nektarquelle, dem Bienenstock und der Sonne.

Die Honigbiene

Größe:	etwa 1,5 cm
Nahrung:	Nektar, Pollen, Honigtau, Zuckerwasser
Feinde:	Wachsmotten, Wespen, Hornissen, Mäuse; Vergiftungen durch Pflanzenschutzmittel
Besondere Merkmale:	besitzt Wachsdrüsen, Honigblase und Giftstachel; mit den Beinen wird Pollen gesammelt und transportiert; streng getrennte Arbeitsteilung; Drohnen, die männlichen Bienen, begatten die Königin, die Königin legt Eier, Arbeitsbienen ziehen Nachwuchs auf und sammeln Nektar und Pollen
Haustier:	seit rund 5000 Jahren, doch schon seit über 7000 Jahren sammeln Menschen Honig von Wildbienen

Langsam wird es Frühling. Wie bunte Tupfen leuchten Blumen aus grünen Wiesen hervor. In der Luft summt es unentwegt. Die Bienen sind unterwegs und suchen Nektar und Blütenstaub, auch Pollen genannt. Dabei bestäuben Bienen den Blütenstempel. Fast alle unsere Obstbäume werden von Bienen und Hummeln bestäubt. Und so reifen später viele Früchte heran.

Aus den Eiern sind runde Maden geschlüpft. Die heranwachsenden Larven sind jetzt 5–7 Tage alt und schwimmen im Futtersaft.

Um Heidehonig zu gewinnen, hat ein Imker seine Bienenstöcke in der Lüneburger Heide aufgestellt.

Wusstest du,

dass eine Bienenkönigin fast täglich bis zu 3000 Eier legt?

Diese Arbeitsbiene fliegt zu einer Glockenblume. Es sieht aus, als trage sie ein gelbes Höschen. Das ist Blütenstaub, der an ihren Beinen hängenbleibt, wenn sie Nektar sammelt.

Eine Honigbiene hat ein kurzes, aber sehr arbeitsreiches Leben von vier bis fünf Wochen. Die jüngsten Bienen putzen die Waben. Mit drei Tagen versorgen sie die Nachkommen, wärmen und füttern die Larven. Dann folgt eine Zeit, da können Bienen Wachs schwitzen. Aus dem Wachs bauen sie regelmäßige, sechseckige Waben. Dort legt die Bienenkönigin ihre Eier hinein. In anderen Waben werden Honig und Blütenstaub aufbewahrt. Nach einer weiteren Woche wechseln die Bienen wieder ihren Arbeitsplatz, werden erst Honigmacher und Pollenstampfer und später Wächter des Bienenstocks. Nur die ältesten und erfahrensten Bienen fliegen hinaus zum Nektarsammeln.

Gerade willst du einen schönen roten Apfel aufheben, da bekommst du einen gewaltigen Schreck: Vor deiner Nase brummt laut ein schwarzgelbes Insekt davon, das viel größer als eine Wespe ist. Der Riesenbrummer kann nur eine Hornisse sein! Vielleicht fallen dir gleich alle möglichen Horrorgeschichten ein. Drei Hornissenstiche sollen einen Mensch, sieben Stiche sollen ein Pferd töten können. Alles Quatsch! Hornissenstiche sind nicht giftiger oder gefährlicher als Bienen- oder andere Wespenstiche. Nur Menschen, die auf Insektenstiche empfindlich oder allergisch reagieren, sollten sich besonders vorsehen.

Die Hornisse kommt noch einmal dicht an dir vorbei. Jetzt schleppt sie wie ein winziger Transporthubschrauber eine dicke grüne Raupe fort und bringt sie zu ihrem Nest. Dort wird die Raupe an die Nachkommenschaft verfüttert. Im Spätsommer ist das Hornissenvolk schon sehr groß geworden. Über 300 Arbeiterinnen sind mit der Versorgung der Brut beschäftigt. Täglich bringen sie Tausende von Beutetieren zum Nest. Weil Hornissen vor allem verschiedene Fliegenarten und Raupen jagen, leisten sie wertvolle Dienste bei der natürlichen Schädlingsbekämpfung.

Obwohl die Entwicklung des Hornissenvolks gerade erst ihren Höhepunkt erreicht hat, neigt sich das Hornissenjahr schon seinem Ende zu. Aus den zuletzt von der Hornissenkönigin gelegten Eiern schlüpfen Larven, die sich nach knapp 2–3 Wochen einspinnen und die sich nach weiteren 14 Tagen in Männchen und junge Königinnen verwandeln. Nachdem sie zu ihren Hochzeitsflügen gestartet sind, geht das alte Hornissenvolk bis Ende Oktober langsam ein. Überwintern werden nur die jungen begatteten Königinnen.

Die Hornisse

Größe:	2–3,5 cm (unsere größte Wespenart)
Nahrung:	Insekten, Früchte, aussickernde Baumsäfte
Fortpflanzung:	Königin legt Eier; Larven schlüpfen und verpuppen sich nach 2–3 Wochen; daraus entwickeln sich Hornissen
Feinde:	Vögel
Besondere Merkmale:	staatenbildende Insekten mit Königin, Arbeiterinnen und stachellosen Männchen
Typisches Verhalten:	bauen riesige Waben

Hornissen sind unsere größten Wespen. Sie sind ebenso ungefährlich wie nützlich.

Wusstest du,

dass Hornissen in warmen Nächten auch bei Mondschein unterwegs sind? Dabei kann es passieren, dass sie in beleuchtete Fenster einfliegen. Wenn du das Licht ausknipst, können sich die Tiere wieder orientieren und wegfliegen.

Hornissen ernähren sich vor allem von Insekten, Baumsäften und Früchten. Hier nagt eine Arbeiterin Fruchtfleisch aus einem reifen Apfel, den sie gefunden hat.

Wenn die Königinnen im nächsten Jahr aus ihrem Winterunterschlupf, in einem Baum- oder Mauseloch, wieder herauskommen, beginnt der neue Lebenszyklus eines Hornissenvolkes. Ganz auf sich allein gestellt, sucht sich die Königin einen geeigneten Neststandort und gründet einen neuen Hornissenstaat. Fehlen alte, hohle Bäume, errichtet sie ihren Wabenbau auf Dachböden, in Gartenhäuschen oder Vogelnistkästen.

Für den Wabenbau raspelt sie winzige, trockene und morsche Holzteilchen ab und formt sie mit ihrem Speichel zu einer papierartigen Masse. Dann beginnt sie mit der Eiablage in die sechseckigen Waben. Eine Schutzhülle um die Waben sorgt für das richtige Klima. Aus der ersten Brut schlüpfen Arbeiterinnen, die der Königin beim weiteren Nestbau und der Brutfürsorge helfen. Hoffentlich nisten sie bei Menschen, die wissen, daß Hornissen ebenso harmlos wie nützlich sind und zu den bedrohten Arten gehören.

Hornissen errichten ihre Wabennester gerne auf Dachböden. Läßt man ihre Nester in Ruhe, geht von ihnen keinerlei Gefahr aus.

In die Waben legt die Königin je ein Ei. Die Larven werden von den Arbeiterinnen versorgt. Die Hülle um die Waben regelt die Temperatur.

Wer Hornissen helfen will, kann einen gekauften oder selbstgebauten Hornissenkasten aufhängen.

Hornissen sind harmlos. Die Hand am Einflugloch des Kastens wird nur interessiert untersucht.

H

Emsig picken und scharren die Hühner nach Körnern, Schnecken, Würmern und Larven. Dabei werfen sie ihren Kopf ruckartig hin und her. Die Augen der Hühner sind so weit seitlich am Kopf, daß sie nur auf diese Art und Weise ihren Fund richtig sehen können.

Manchmal sorgt auch der Hahn für seine Hennen. Findet er einen besonders fetten Regenwurm, kräht er sie laut herbei und läßt sie fressen.

Bei Gefahr lockt die Glucke mit Warnlauten ihre Küken herbei. Rasch verkriechen sie sich unter den schützenden Flügeln der Mutter.

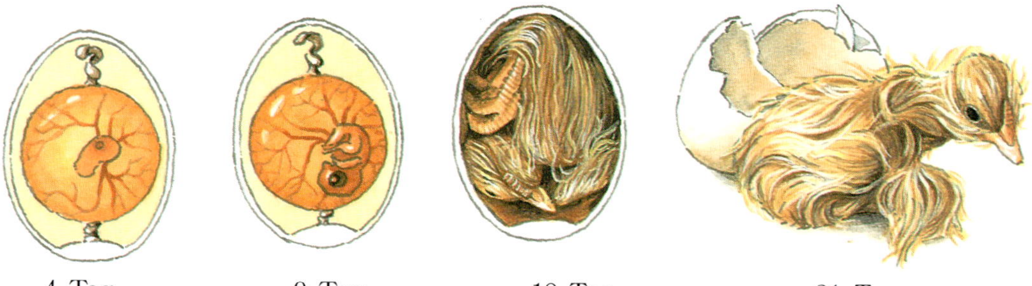

4. Tag 9. Tag 18. Tag 21. Tag

So entwickelt sich ein Küken: Zunächst sieht man viele Blutgefäße auf dem Eigelb, dem Dotter. Bald erkennt man deutlich das große Auge, später die Flügel und das Federkleid. Am 21. Tag pickt das Küken mit dem Eizahn, der auf der Schnabelspitze festsitzt, die Schale auf.

Abends flattern die Hühner und der Hahn auf ihre Sitzstangen im Hühnerstall. Oft hat der Hahn eine Lieblingshenne, die es sich ganz in seiner Nähe bequem macht. Die übrigen Hühner nehmen je nach Rang ihre festen Plätze ein.
Je weiter weg vom Hahn, desto niedriger ist der Rang. Die Rangordnung kämpfen die Hennen untereinander aus.

Sind die Hühner satt, suchen sie sich ein schattiges warmes Plätzchen zum Ausruhen oder für ein Staubbad. Dabei plustern sie sich auf und wirbeln sich mit den Flügeln viel Sand ins Gefieder. Das ist gut gegen Hühnerflöhe und Milben.

Hühner genießen auch Sonnenbäder. Dann ducken sie sich in eine Mulde und spreizen ihr Gefieder weit auseinander. Dazu singen sie kehlig gackernd.

Wusstest du,

dass Hähne krähen, um ihr Revier gegen andere Hähne abzugrenzen? Kräht der eine, antwortet der andere vom Nachbarhof, manchmal über 2 km entfernt.

Das Huhn

männliches Tier:	Hahn
weibliches Tier:	Henne
Gewicht:	von 0,75 kg bis 5,5 kg
Nahrung:	Pflanzenteile, Samen, Getreide, Insekten, Würmer, Larven, Sandkörner (dienen zum Zerkleinern der Nahrung im Magen)
Feinde:	Greifvögel, Fuchs, Marder, Iltis, Wiesel
Besondere Merkmale:	sehr schreckhaft; Organe an den Beinen, die Schwingungen des Bodens und der Luft wahrnehmen
Brutzeit:	ein- bis zweimal pro Jahr; brüten 12–15 Eier aus, daraus schlüpfen die Küken
Haustier:	seit rund 4500 Jahren im Indusgebiet (Asien)

Der Igel

Größe:	etwa 35 cm
Gewicht:	450–1200 g
Nahrung:	Insekten, Regenwürmer, Schnecken, Eidechsen, Schlangen, Frösche, junge Mäuse und Vögel
Fortpflanzung:	paaren sich zweimal im Jahr; bringen nach 5–6 Wochen Tragzeit bis zu 7 Junge zur Welt
Feinde:	Fuchs, Dachs, Iltis, Uhu
Besondere Merkmale:	dichtes Stachelkleid
Typisches Verhalten:	rollt sich bei Gefahr zusammen

Die meisten Kleinsäugetiere im Garten sind ausgesprochen scheu. Still und heimlich, des Nachts unterwegs, vermeiden sie am liebsten jede Begegnung mit den Menschen. Ganz anders verhält sich da der Igel. Wo er im Garten vorkommt, ist er nicht zu überhören. Man kann schon einen richtigen Schreck bekommen, wenn sich nachts unterm Apfelbaum oder in der Hecke etwas laut schnaubend und schmatzend bewegt. Auch bei den Paarungen der Igel im Frühjahr wird viel gefaucht.

Kein Wunder, daß die Igel sich so unbekümmert benehmen. Sie tragen ein Stachelkleid aus 5000–7500 spitzen Stacheln, die sie wie eine Ritterrüstung schützen. Droht Gefahr, können sich Igel mit Hilfe eines dicken Muskelringes zu einer Stachelkugel zusammenrollen. Ist die Gefahr nicht groß, wird oft nur die Stachelhaut ins Gesicht gezogen.

Igel überwintern zusammengekugelt in einem großen, mit Laub, Moos und Ästchen ausgepolsterten Nest. Es wird in geschützten Reisighaufen, Hecken, unter Kompost- und Laubbergen oder in trockenen Höhlungen und selbstgegrabenen Löchern angelegt. Mit gelegentlichen Unterbrechungen dauert seine Winterruhe etwa von Oktober bis April. Mit den ersten lauen Aprilnächten geht er wieder auf Jagd und hat es vor allem auf Regenwürmer, Insekten, Schnecken und kleine Wirbeltiere abgesehen. Jetzt bedient er sich auch gern wieder schmatzend an der Schüssel mit dem Katzenfutter.

Im Juni und Juli paaren sich die Igel. Ende Juli, Anfang August kommen dann die Igelkinder zur Welt. Frühestens nach drei Wochen unternehmen sie gemeinsame Streifzüge mit der Igelmutter.

Igeljunge kommen blind im Nest zur Welt und öffnen nach gut zwei Wochen die Augen. Wenn sie eine Woche später ihrer Mutter nach draußen folgen, verständigen sich die Jungigel über hohe Zwitscherlaute mit ihr.

Zum Spätsommer hin entwickeln Igel einen unbändigen Appetit und verzehren neben ihrer tierischen Nahrung auch jede Menge Fallobst, Beeren und Pilze. In nur drei Wochen können sie so ihr Gewicht verdoppeln. Ein gut genährter Igel sucht sich im späten September oder im Oktober bereits einen passenden Unterschlupf zur Winterruhe. Ist es über mehrere Tage kühler als 10 Grad, rollt er sich bald zum Schlafen ein. Ob er dann von Regenwürmern träumt?

Wusstest du,

dass die Igelkinder schon mit Stacheln zur Welt kommen, die bei der Geburt aber noch ganz weich sind?

Regenwürmer zählen neben Schnecken zur Hauptnahrung des Igels. Er erbeutet sie nachts, wenn sie an die Erdoberfläche kommen. Naturgärten bieten auch Igeln viele Verstecke.

▲
Der Ozelot ist ein kleiner Verwandter des Jaguars und wird etwa einen Meter lang. Mit seinem scharfen Gebiß reißt er die Beute.

Wusstest du,

dass Jaguare geschickte Angler sind? Sie schlagen mit der Tatze ins Wasser und schleudern die Fische mit einem kräftigen Hieb an Land.

Der Jaguar

Größe:	112–185 cm Schwanz 45–75 cm
Gewicht:	57–113 kg
Nahrung:	alle größeren Tiere
Feinde:	keine
Besondere Merkmale:	Einzelgänger; sehr stark; sie können selbst große Beutetiere wegschleppen

Die Nacht im tropischen Regenwald ist voller Leben. Alle nachtaktiven Tiere machen sich jetzt auf die Suche nach Nahrung. Auch der Jaguar ist unterwegs. Lautlos schleicht er durch den Urwald. Bald hat er ein geeignetes Versteck gefunden und legt sich gut getarnt auf die Lauer. Keine Bewegung entgeht seinem Gehör und den scharfen Augen. Wie alle großen Raubkatzen ist er ein gefürchteter Jäger. Seinem mächtigen Gebiß und den starken Tatzen widersteht kein Tier des Dschungels. Tapire und Wasserschweine, Faultiere und Leguane sind seine Beute. War die Jagd erfolgreich, schleppt er sie an einen sicheren Platz. Manchmal vergräbt er die Futterreste als Vorrat für später.

Jaguare sind gute Schwimmer. Mühelos durchqueren sie sogar größere Flüsse. Häufig halten sie sich in der Nähe von Gewässern auf. Dort fangen sie kleine Krokodile und Fische. Die Indios berichten, daß der Jaguar mit seinem Schwanz auf das Wasser tupft und so neugierige Fische anlockt. Mit einem kräftigen Hieb seiner Vordertatze schleudert er dann die Beute an Land.

Jaguarbabys kommen, wie alle Katzen, blind zur Welt. Erst nach 13 Tagen öffnen sie die Augen. Bei ihrer Geburt wiegen sie weniger als ein Kilogramm. Junge Jaguare bleiben etwa zwei Jahre lang bei ihrer Mutter. Nach drei bis vier Jahren sind sie ausgewachsen.

◀
Der Jaguar jagt in der Nacht. Am Tage ruht er sich aus. Liegt er träge auf einem Ast, sieht man ihm seine gewaltige Kraft kaum an. Dann ähnelt er einer schnurrenden Hauskatze.

Wenn der Karpfen hungrig ist, stülpt er sein Maul wie einen Rüssel nach vorne und durchwühlt den Schlamm. Man nennt ihn deshalb auch das Teichschwein. Am Maul hat er vier kleine Fäden, auf jeder Seite zwei. Das sind die Barteln. Damit ertastet er im Schlamm kleine Krebse und Schnecken.

Die Pupillen des Karpfenauges sind weit geöffnet. So kann er selbst im Dunkel des Teiches gut sehen.

Wusstest du,

dass der Karpfen nur fünf Zähne hat und dass diese Zähne nicht im Maul, sondern im Schlund sitzen?

Der Karpfen trägt ein Schuppenkleid. Diese Schuppen liegen wie Dachziegel übereinander und schützen zusammen mit einer Schleimschicht die dünne Fischhaut.

Der Karpfen

Lebensraum:	pflanzenreiche Teiche
Größe:	30–40 cm, manchmal größer
Nahrung:	Würmer, Kleinkrebse, Insektenlarven, vermodernde Pflanzen
Lebenszeit:	15–20 Jahre
Feinde:	Hecht, Fischotter, verschiedene Wasservögel
Besondere Merkmale:	großes, vorstülpbares Maul mit zwei kurzen und zwei langen Barteln
Typisches Verhalten:	seine Rückenflossen ragen oft aus dem Wasser

Regungslos steht der alte Karpfen im Dschungel der Schilfhalme. Er ist scheu, wachsam und sehr vorsichtig. Ein Leben lang hat er sich tagsüber versteckt. Nur nachts suchte er nach Nahrung. Zwanzig Jahre lang entging er so den Netzen der Fischer. Früher ist er mit anderen Karpfen im Schwarm durch den Teich geschwommen. Im Winter haben sie sich nebeneinander im Schlamm eingegraben und die Kälte überdauert. Heute streunt er allein durch das Unterwasserdickicht. Er ist zum Einzelgänger geworden.

Seine klaren, hellbraunen Augen beobachten die Umgebung sehr genau. Ihnen entgeht nichts, weder vor ihm, noch hinter ihm, weder über ihm, noch unter ihm. Seine Nase nimmt feinste Gerüche im Teich auf. Mit seiner Schwimmblase kann er mühelos im Wasser schweben, bei Gefahr nach unten sinken oder an die Oberfläche steigen. Ein feines Meßinstrument in seiner Haut, die Seitenlinie, meldet ihm jede Veränderung der Wasserströmung. So wie du den Wind auf deiner Haut spürst oder die Berührung einer Hand, so spürt der Karpfen die kleinsten Wasserbewegungen. Und er spürt auch, wie warm das Wasser ist. Das ist wichtig zum Laichen, denn Karpfeneier entwickeln sich nur in 18–20 Grad warmem Teichwasser.

Ein Karpfenweibchen legt an seichten Uferstellen etwa 500 000 Eier ab. Die Eier sehen aus wie glasklare kleine Kugeln und sind etwa so groß wie ein Stecknadelkopf. Nach einer Woche schlüpfen daraus kleine Larven. Sie kleben noch drei Tage lang an Wasserpflanzen, um sich weiterzuentwickeln. Dann müssen sie an die Wasseroberfläche, um ihre Schwimmblase mit Luft zu füllen. Erst jetzt können die Fischkinder schwimmen und sich ihr Futter im Teich selbst suchen. In den ersten Tagen fressen sie die kleine Kugelalge Volvox oder einige Wasserflöhe. Aber die kleinen Karpfen wachsen schnell heran. Schon bald suchen auch sie im Schlamm nach Würmern und Schnecken. Drei Sommer später wiegen sie bereits zwei Kilogramm und sind erwachsen. Jetzt können sie selbst Eier legen.

Karpfen atmen anders als wir. Sie holen sich mit ihren Kiemen den Sauerstoff direkt aus dem Wasser. Kiemen sind die Atemorgane der Fische. Sie bestehen aus winzigen, blutdurchströmten Blättchen. Du siehst sie, wenn du bei einem Fisch in der Küche die Kiemendeckel am Kopf einmal anhebst. Du kannst sie ganz leicht finden, sie liegen direkt hinter dem Auge.

Die meisten der farbenprächtigen Tagfalter kannst du vor allem im Sommer in unseren Gärten antreffen. Nur der Kleine Fuchs tanzt da aus der Reihe. Ihn trifft man, vom zeitigen Frühjahr bis weit in den Herbst hinein, im Garten auf Nektarsuche an. Bereits zur Kätzchenblüte, früh im April, tauchen plötzlich zwei Kleine Füchse in unserem Garten auf. Den Winter haben die Schmetterlinge gut versteckt überstanden. Das Weibchen fand einen sicheren Platz zwischen aufgestapeltem Holz im Gartenhaus. Ihr Männchen konnte über einem Spalt am Dachfirst auf dem Speicher eines Wohnhauses unterkommen.

Wie durch einen unsichtbaren Faden miteinander verbunden, folgt der eine Falter seinem Vorflieger dicht auf. Das Männchen umwirbt das Weibchen. Schließlich setzen die beiden mit Flügelzittern und Antennenspielen am Boden ihre Werbung fort. Doch Paarungsspiele strengen an. Nach den Flügen stillen sie erst einmal ihren Nektarhunger an Huflattich, Weidenkätzchen und dem früh blühenden Seidelbast.

Im zeitigen Frühjahr sind Weidenkätzchen wichtige Nektarspender für den Kleinen Fuchs. Der Schmetterling saugt den Nektar mit seinem langen beweglichen Saugrüssel auf.

Der Kleine Fuchs

Größe:	Vorderflügelspannweite 5–7 cm
Nahrung:	Weidenkätzchen, Seidelbast, Schmetterlingsflieder
Fortpflanzung:	zweimal im Jahr
Feinde:	Vögel, Fledermäuse
Besondere Merkmale:	deutliche Reihe von Punkten an den Flügelaußenrändern
Typisches Verhalten:	kommt im Herbst auf Winterquartiersuche in die Häuser

Etwas später im Frühjahr, nachdem sich die Brennesseln am Kompost und vor der Gartenhecke entwickelt haben, treffen wir an den Brennesselstauden unseren Kleinen Fuchs wieder. Der feine Geruchssinn hat das Weibchen dorthin geleitet. Sie klebt nun ihre winzigen Eier in Häufchen an die Unterseite von Brennesselblättern. Sie müssen an einem sonnigen Platz liegen.

Die kleinen Raupen schlüpfen alle gemeinsam aus ihren Eiern und verzehren nach und nach die Futterpflanzen. Ihre Gespinstfäden, die sie beim Herumkriechen verspinnen, überziehen bald die ganzen Brennesseln. Bei Erschütterungen lassen sich die Raupen einfach zu Boden fallen. Regenzeiten verbringen sie in tütenförmig zusammengesponnenen Brennesselblättern. So sind sie gleichzeitig vor Freßfeinden und vor schlechtem Wetter geschützt. Die Raupen entwickeln sich zu Puppen, und aus ihnen schlüpfen die Schmetterlinge.

Die Kleinen Füchse, die du im Spätsommer am Schmetterlingsflieder beobachten kannst, sind schon die zweite Generation. Es sind die Nachkommen der Falter, die im Frühsommer, im Juni oder im Juli, geschlüpft waren. Wenn die letzten Blumen im Jahr verblüht sind, suchen sie sich in Kellern oder auf Dachböden geschützte Verstecke zum Überwintern. Erst die Sonne im Frühjahr lockt sie wieder ins Freie.

Wusstest du,

dass der Kleine Fuchs sich zweimal im Jahr fortpflanzt? Die im August geschlüpften Falter überwintern.

Kleine Füchse fliegen eine Clematis an und lassen sich zum Nektarsaugen nieder. Für den Kleinen Fuchs und andere Tagfalter können wir den Garten als Schlaraffenland gestalten, wenn wir Brennesseln stehenlassen und Weiden pflanzen.

Wo nektarreiche Blumen, am sten bis in den Herbst hinein, im Garten blühen, kommen uch rasch die Kleinen Füchse zu Besuch.

Wusstest du,

lass der Koala Vorbild für len Teddybär war? Dabei st das putzige Beuteltier ;ar kein Bär.

Der Koala

Größe:	wie ein großer Teddybär
Gewicht:	5 - 12 kg
Nahrung:	Eukalyptusblätter und die Baumrinde
Feinde:	Dingo, Haushund
Jungtiere:	nach der Geburt bleibt das Junge 6 Monate im Beutel
Besondere Merkmale:	heißt Bär, ist aber kein Bär, sondern ein Beuteltier

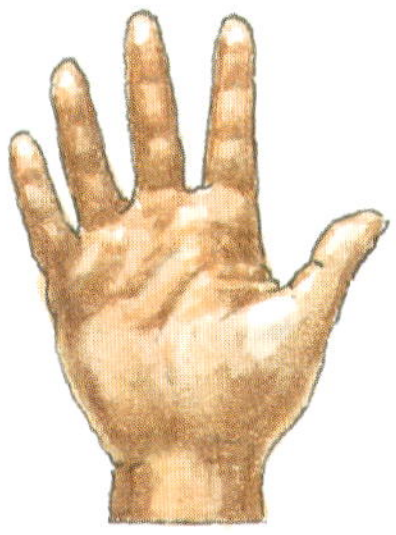

Hier siehst du eine Menschen- und eine Koalahand. Beim Klettern benutzt der Koala seine »Greifzangenhand«: Daumen und Zeigefinger sind den übrigen Fingern gegenüber gestellt. So bilden sie eine kräftige Klammer. Die rauhen Handflächen und scharfen Krallen der Koalas finden leicht Halt an den glatten Eukalyptusbäumen.

)as Koalaweibchen zieht ;ein Junges sechs Monate m Beutel auf. Dann wird ;s von der Mutter noch ;in paar Monate auf dem Rücken spazierengetragen. Die Mutter zeigt dem Jungen, welche Eukalyptusblätter schmecken. Junge Eukalyptusblätter sind nämlich auch für den Koala giftig.

Beinahe verträumt schaut der Koala in die Abenddämmerung und frißt langsam Blatt für Blatt eines Eukalyptuszweiges. Er kaut gründlich und bedächtig, damit ja nichts von dieser nährstoffarmen Kost verloren geht. Koalas fressen fast ausschließlich alte Eukalyptusblätter. Die sind zwar ziemlich schwer verdaulich, aber dafür nicht so ölhaltig wie junge Blätter. Das Öl ist nämlich pures Gift für die meisten Pflanzenfresser. Aber Koalas wissen, welche Blätter für sie verträglich sind.

Bei seiner Lebensweise braucht der Koala nur wenig Kraftstoff: Bis zu 19 Stunden am Tag schläft oder döst er. Die restliche Zeit verbringt er mit Fressen. Tierforscher haben erst kürzlich festgestellt, daß Koalas sich nur vier Minuten am Tag bewegen. In dieser Zeit suchen sie einen anderen Baum auf, oder die Männchen kämpfen mit einem Rivalen.

Weil Koalas so niedlich aussehen, wurden sie zum australischen Nationaltier. Allerdings sind sie keineswegs Schmusetiere, denn sie haben scharfe Krallen. Damit können sie sich problemlos in der glatten Rinde des Baumes festhalten und mühelos hinauf und kopfüber wieder herunterklettern.

Da sich der Koala nahezu ausschließlich von Eukalyptusblättern ernährt, riecht er wie ein Hustenbonbon. Sein Fell ist dicht und weich und wäre ihm beinah zum Verhängnis geworden. Bis vor kurzem wurde er gnadenlos gejagt. Heute sind die Tiere geschützt.

Die Kohlmeise

Größe:	etwa 14 cm
Nahrung:	Insekten und andere Kleintiere; Samen
Fortpflanzung:	brütet zwischen März und Juli 1–2 mal je 6–12 Eier aus
Feinde:	Sperber, Käuze, Hermelin
Besondere Merkmale:	Kopf schwarz glänzend, weiße Wangen; gelbe Unterseite mit schwarzem Mittelstreifen, beim Weibchen schmaler
Typisches Verhalten:	nicht sehr scheu; sucht gern Nahrung auf dem Boden

Baumhöhlen bieten Kohlmeisen natürlich die besten Brutplätze.

Ein grünliches Rückengefieder und ein weißes Flügelband sind typisch für die Kohlmeise. Sie sucht ihre Nahrung als geschickter Turner in den Zweigen, sie kommt aber zur Futtersuche auch auf den Boden herunter.

Wusstest du,

dass die Kohlmeise unsere größte einheimische Meise ist

»Dschi-dschi-dschi«, »zui-ti-zui-ti« oder »zizibebe-zizibebe«, erklingt es im Frühjahr. Ein Kohlmeisenmännchen singt sein abwechslungsreiches Lied vom blühenden Apfelbaum herunter. Meisen erkennen sich untereinander an ihrem Gesang. Taucht ein fremder Sänger auf, wird er vom Revierinhaber sofort vertrieben. Mit dem Gesang verteidigen die Meisenmännchen ihr Revier und werben gleichzeitig um Weibchen. Doch nicht nur mit der Stimme, auch mit dem Aussehen soll kräftig Eindruck gemacht werden. Wenn ein Männchen sich hoch aufrichtet oder auf eine andere Meise zufliegt, wird sein leuchtend gelber Bauch mit dem breiten schwarzen Bruststreifen zum deutlich sichtbaren Signal.

Kohlmeisen brüten in Höhlen. Obwohl alte, morsche Bäume im Wald leider ebenso selten geworden sind wie alte Obstbäume mit Brutlöchern in unseren Gärten, leiden die Kohlmeisen kaum Wohnungsnot. In der Wahl ihrer Bruthöhle sind Kohlmeisen nämlich sehr anpassungsfähig. Einfach alles, was mit einem geschützten Hohlraum Ähnlichkeit hat, wird von Familie Kohlmeise zum Brutplatz gewählt: Nester finden sich in Briefkästen, Bretterstapeln, herumliegenden Rohren, Mauernischen, Hydranten, Straßenlaternen und sogar in verlorenen Stiefeln und leeren Benzinkanistern. Haben sich Kohlmeisen für eine Höhle entschieden, polstern sie sie mit Moos, Haaren und Wolle gründlich aus. Wenn die Jungvögel im Frühjahr schlüpfen, ist es draußen meist noch sehr frostig. Deshalb deckt das Weibchen beim Verlassen der Bruthöhle die Eier immer ab, um sie gegen die Kälte zu schützen. Im Winter dienen die Nistkästen den Meisen als Schlafplätze.

Da Meisen für sich und ihre Jungen viele Raupen sammeln, sind sie wichtige Helfer in unserem Garten. Indem wir alte Obstbäume erhalten oder neue nachpflanzen, locken wir die Vögel in unsere Gärten. Zusätzlich können wir Nistkästen aufhängen.

Je größer die Höhlen oder Nistkästen, desto mehr Junge ziehen die Kohlmeisen auf.

Mit ihrem Gesang läuten Kohlmeisen den Frühling ein. Schon an sonnigen agen im Januar oder ebruar hört man die Männchen singen.

Ein winziges Tier schwirrt durch die Luft. Es bleibt vor einer Blüte stehen, und schon fliegt es weiter. War das ein merkwürdiges tropisches Insekt? Nein, das schillernde Gefieder verrät den Kolibri. Kolibris sind nicht nur die kleinsten Vögel der Erde, sondern auch Weltmeister im Fliegen. Ihre Flügel schlagen so schnell, daß nur ein Flimmern zu erkennen ist. Wer sich so viel und so rasch bewegt, muß sehr schnell atmen und braucht viel Nahrung. Um genügend zu fressen, fliegen Kolibris immer neue Blüten an.

Kolibris tauchen den Schnabel tief in den Blütenkelch. Ihre Zunge ist wie ein Strohhalm geformt. Damit saugen sie den Blütennektar ein, der viel Zucker enthält. Im Nektar schwimmen oft kleine Insekten. So fressen Kolibris gleichzeitig Zucker und Fleisch.

Die Form ihrer Schnäbel paßt genau zu einer bestimmten Blüte. Wenn der Kolibri Nektar trinkt, bleibt Blütenstaub an seinen Federn haften. Besucht er die nächste Blüte, streift er den Blütenstaub wieder ab. Blüten und Kolibris sind Partner: Die Blüte versorgt den Kolibri mit Nahrung, und der Vogel übernimmt die Bestäubung.

▲ Auf diesem Bild siehst du zwei Tiere, die sich nie treffen: eine Erdhummel und eine Prachtelfe. Die Hummel lebt bei uns, der Kolibri im Regenwald. Die Prachtelfe ist einer der kleinsten Kolibris. Sie ist nur wenig größer als die dicke Erdhummel.

▲ Wenn der Kolibri die Bananenblüte berührt, bleibt Blütenstaub an ihm haften.

Wusstest du,

dass Kolibris wie Hubschrauber auf der Stelle und sogar rückwärts fliegen können?

Die Kolibris

(viele Arten)

Größe: der kleinste ist etwa 6 cm, der größte 21 cm groß
Nahrung: Nektar und kleine Insekten
Feinde: Raubvögel, Raubkatzen
Besondere Merkmale: Die Zunge wird beim Nektarsaugen zusammengerollt;
manche können fast 100 km/h schnell fliegen;
besuchen Blüten in einem festen Revier

In der Luft sind Kolibris besonders wendig. Daher entwischen sie oft ihren Feinden. Kolibris können aber nicht laufen. Die Kraft ihrer Beine reicht nur aus, um sich auf einem Ast festzuhalten und auszuruhen.

In den kühlen Tropennächten können die Kolibris nicht fressen und müssen Energie sparen. Dann senken sie ihre Körpertemperatur auf 18° Celsius ab und fallen in eine Kältestarre. Erst am nächsten Morgen, im warmen Sonnenlicht, wachen sie wieder auf.

Die Schnäbel der Kolibris sind meist lang und ganz verschieden geformt. Dieser Degenflügler hat einen stark gekrümmten Schnabel. ◀

▲ Wie ein Hubschrauber steht der Feuerkehlkolibri schwirrend in der Luft. Er taucht seinen Schnabel in die Blüte einer Passionsblume ein und trinkt Nektar.

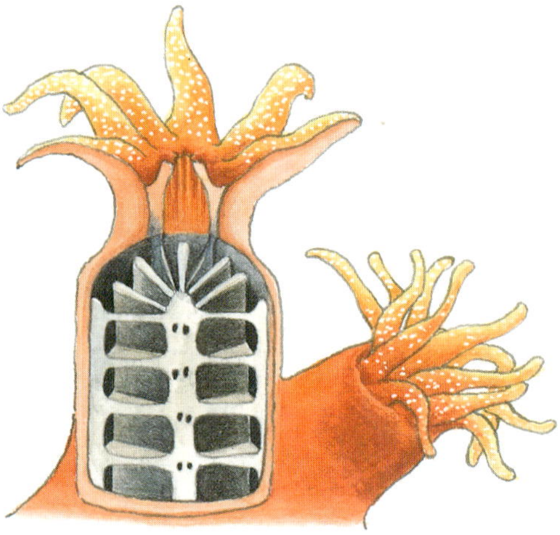

Der Polyp sitzt auf einem scharfkantigen Kalkbrett, das er sich selbst gebaut hat. Nun zieht er die Seitenwände so lange hoch, bis er einen neuen Boden einziehen muß.

Kaum zu glauben, daß die Urheber der riesigen Korallenriffe kleine Tierchen sind. Sie heißen Polypen. Viele von ihnen sind nur einen Millimeter lang, andere werden bis zu 40 Zentimeter groß. Tagsüber sieht man nur ihre Bauten: grüne, braune, rote und blaue verästelte Bäumchen, runde Kugeln, fächerförmige Blätter, Geweihe, Platten, Blasen und Säulen. Wir nennen sie samt Tierchen Korallen. Erst nachts strecken die Polypen ihre Tentakeln wie Blütenblätter aus den Behausungen. Und dann gleicht der Meeresboden einem bunten Blumengarten. Mit den Tentakeln fangen die Polypen winzigste im Wasser schwebende Lebewesen. Sie werden Plankton genannt.

Polypen können selbst Kalk herstellen. Damit bauen sie hohe Seitenwände um sich herum. In bestimmten Abständen ziehen sie eine Bodenplatte ein. Um eine einzige Koralle zu bauen, müssen viele Generationen von Polypen daran arbeiten. Für das Große Barrier Riff brauchten diese Tierchen Tausende von Jahren.

Allerdings haben die Polypen Helfer bei ihrer Arbeit: die Algen. Damit Algen leben können, brauchen sie Licht und Kohlendioxid. Licht liefert die Sonne, und Kohlendioxid gibt ihnen die Koralle. Im Ausgleich dafür regen Algen die Kalkproduktion bei den Polypen an, und die Korallen wachsen schneller. Ein gutes Tauschgeschäft für beide Riffbewohner.

Der größte Feind des Riffs ist der Dornenkronen-Seestern. Mit seinen 12 bis 17 Armen kriecht er über die Korallenstöcke. Dabei läßt der Stachelhäuter Verdauungsflüssigkeit über die Korallen fließen. Die Polypen im Innern lösen sich in Flüssigkeit auf, und der Seestern schlürft sie auf. So können Korallenbänke völlig veröden und absterben.

Ganz deutlich erkennt man die einzelnen Polypen der Lederkoralle mit ihren Tentakeln.

Die Koralle

Größe:	1 - 30 mm
Nahrung:	Kleinstlebewesen aus dem Meer
Feinde:	Dornenkronen-Seestern, Papageienfisch, Meeresschnecken
Besondere Merkmale:	sind gleichzeitig weiblich und männlich

Dort, wo sich Korallen festsetzen, entsteht neuer Wohnraum für unzählige Meerestiere. Korallengärten sind Balz- und Laichplätze und bieten obendrein unzählige Verstecke.

Alle Korallengärten des Großen Barrier Riffs zeigen im australischen Frühling ein ganz besonderes Schauspiel: Nach dem Vollmond zur Tagundnachtgleiche geben alle Korallen zur gleichen Zeit ihre Eier und Spermien ab. Diese sehen wie bunte, glitzernde Ballons aus. Sogleich beginnt das ganze Meer zu glitzern und zu flimmern. Die leuchtenden Ballons steigen zur Wasseroberfläche, wo sie platzen. Dann verbinden sich Eier und Spermien der selben Art und sinken zurück zum Meeresboden. Eine neue Generation von Korallen kann heranwachsen.

Wusstest du,

dass Korallen Tiere sind? Es gibt etwa 130 verschiedene Arten. Hier siehst du Weichkorallen und Geweihkorallen.

Zwischen Zweigen und Hauswand hängt im Garten ein großes Spinnennetz. Früh am Morgen ist es mit Tautropfen der letzten Nacht dicht besetzt und glitzert in der Sonne. Am Nachmittag dagegen kann man es von weitem kaum sehen. Aus der Nähe entdeckst du die Spinne. Es ist eine Kreuzspinne mit ihrer auffälligen Kreuzzeichnung auf dem Rücken. Eine Fliege muß die Spinnfäden übersehen haben und zappelt seitlich im Netz. Wie der Blitz saust die Spinne auf sie zu. Mit einem Giftbiß lähmt die Spinne ihre Beute. Sie hat die Fliege in ihre Fäden eingewickelt, aus dem Netz befreit und ist erneut an ihren Lauerplatz zurückgekehrt. Hier erbricht sie etwas Verdauungssaft über dem Opfer und saugt das darin gelöste Körpergewebe der Fliege auf. Die unverdaulichen Überreste ihrer Beute läßt sie zu Boden trudeln. Kurz darauf wartet sie wieder auf neue Opfer.

Gerät ein Beutetier in die Fangfäden des Netzes, reagieren die Sinnesorgane in den Spinnenbeinen auf die Erschütterung. Blitzschnell verläßt die Spinne ihren Lauerplatz und stürzt sich auf die Beute.

Die Kreuzspinne

Größe:	etwa 1,5 cm; eine unserer größten Spinnen
Nahrung:	vor allem Fluginsekten
Fortpflanzung:	Paarung im Spätsommer; Weibchen stellt in September/ Oktober Eikokons her, aus denen im Frühjahr Jungspinnen schlüpfen
Feinde:	Vögel, Fledermäuse
Besondere Merkmale:	Kreuzzeichnung auf dem Rücken
Typisches Verhalten:	sitzt tagsüber in der Netzmitte; bei trübem Wetter seitlich vom Netz in einem Schlupfwinkel

Ihre Spinnfäden spinnen sie aus einigen tausend Spinndrüsen, die in Spinnwarzen am Hinterende des Körpers sitzen. Aus verschiedenen Spinndrüsen kann die Spinne ganz verschiedene Arten von Spinnseide herstellen: glatte oder klebrige Fäden, Sicherheitsfäden, zähflüssige Klebefäden zum Kitten der Knotenpunkte im Netz und Fäden zum Einspinnen des Eikokons. Solche Kunstwerke dürfen nicht mutwillig zerstört werden.

Zur Paarung ab August nähert sich das kleine Männchen der Gartenkreuzspinne seiner Braut nur sehr vorsichtig. Es spinnt zum Netz des Weibchens einen Werbefaden. Daran zupft es ununterbrochen und macht so auf sich aufmerksam.

Eine Gartenkreuzspinne von unten. An ihrem Hinterende erkennt man die Spinnwarzen. Spinnen hören mit ihren Beinen. Besondere Hörhaare bemerken leichteste Luftbewegungen, die von einem fliegenden Insekt ausgehen können.

Vielleicht ist es die Art und Weise wie Spinnen Beute fangen und verzehren, die sie für viele von uns so unsympathisch machen und manchen sogar Angst einjagen können. Dabei sind Spinnen außerordentlich nützliche Tiere, die in einem Sommer Tausende von Insekten fangen. Spinnen haben außerdem einige sehr interessante Fähigkeiten. Ihre Kieferklauen wirken wie feinste Injektionsnadeln. Durch die hohlen Kanülen spritzen sie Gift, durch das ihre Beute rasch gelähmt wird. Wenn die Giftspritze nicht gebraucht wird, kann sie wie ein Taschenmesser eingeklappt werden.

Wusstest du,

dass das kleine Spinnenmännchen nach der Paarung schnell flüchten muss, weil es sonst vom Weibchen gefressen wird.

Im Wasser sind Leistenkrokodile blitzschnell. Doch auch an Land können sie sich über kurze Strecken rasch fortbewegen. Im Norden Australiens gibt es viele Leistenkrokodile, die manchmal für Touristen gefährlich werden können. Aus diesem Grunde wird davor gewarnt, nah am Wasser zu zelten.

Es ist soweit. Jetzt schlüpfen die Jungen. Eines hat soeben sein Ei aufgebrochen und reckt seinen Kopf aus der Schale. Die Krokodilmutter sorgt eifrig für ihren Nachwuchs.

Bevor sie die Eier legt, trägt das Krokodilweibchen Laub und faulende Pflanzen zusammen und schichtet das Ganze zu einem meterhohen Hügel auf. Dort hinein kommen die Eier und werden sorgfältig zugedeckt. Von nun an bleibt das Krokodil in der Nähe des Geleges. Eiräuber werden mit Knurren und Schnappen verjagt. Nur wenn es zu sonnig wird, kühlt das Weibchen sich rasch im Wasser ab. Noch tropfnaß kommt

Das Leistenkrokodil

Größe:	bis zu 7 Meter lang
Gewicht:	1 Tonne schwer
Nahrung:	meist Insekten, Würmer, Fische, Schildkröten, Vögel, kleine und auch größere Säugetiere
Feinde:	für Jungtiere Vögel, Schildkröten und große Krokodile
Jungtiere:	24 – 30 Eier werden von der Sonne ausgebrütet
Besondere Merkmale:	können, ohne zu atmen, bis zu einer Stunde unter Wasser bleiben

Geradezu winzig wirken die kleinen Krokodilbabys im Vergleich zu ihrer Mutter. Eben erst sind sie aus ihren Eiern geschlüpft. Die Krokodilmutter trägt sie in ihrem Maul zum Wasser. Es dauert mehrere Jahre, bis die kleinen Krokodile die Größe der Erwachsenen erreichen.

es zurück zum Nest und befeuchtet es, damit das Gelege nicht austrocknet. Zunächst sind alle Eier weiblich. Nur wenn mehr als 28°C im Nest erreicht werden, können aus den eigentlich weiblichen Embryos männliche werden.

Bevor die Jungen schlüpfen, jammern sie kläglich. Das ist das Zeichen für die Krokodilmutter, das Laub wegzuräumen. Die neugeborenen Jungen sind nur etwa so groß wie die Hand eines Erwachsenen und sehen schon genauso aus wie ausgewachsene Krokodile. Sofort krabbeln die Jungen auf den Rücken oder in das Maul der Krokodilmutter, die sie zum Wasser trägt. Dieser Moment ist für junge Krokodile sehr gefährlich. Fischadler, Schildkröten und sogar die eigenen Verwandten würden sie gern verspeisen. Nur das Maul der Krokodilmutter ist für die Nachkommen ein absolut sicheres Versteck.

Das gilt jedoch nur für die ersten Lebenswochen. Danach heißt es, schnell das Weite zu suchen. Jetzt würde auch die eigene Mutter ihre Jungen fressen. Deshalb verstecken sich die Jungkrokodile zusammen mit Gleichaltrigen an Wasserstellen, an denen noch keine ausgewachsenen Krokodile leben. Erst wenn die Jungen etwa eineinhalb Meter lang sind, wagen sie sich wieder zu ihren erwachsenen Artgenossen in den Küstensümpfen.

Wusstest du,

dass Leistenkrokodile über sieben Meter lang werden können? Miss einmal dein Zimmer aus und schau, ob ein Krokodil der Länge nach hineinpassen würde. Leistenkrokodile sind die größten lebenden Echsen der Welt.

Diese Krokodile leben auf einer Krokodilfarm. Noch immer werden Krokodile gezüchtet, weil Menschen Taschen und Schuhe aus Krokodilleder wollen.

Der erste Schnee ist gefallen. Alle Pflanzen verschwinden nun unter einer dichten, weißen Decke. Die Lemminge halten keinen Winterschlaf, und trotzdem macht ihnen das nichts aus. Sie graben sich Tunnel in den Schnee und nagen auch im Winter die Bodenpflanzen ab. Unter dem Schnee ist es viel wärmer als im eisigen Wind der Tundra. Der Schnee schützt sie vor der Kälte, aber nicht vor ihren Feinden. Polarfüchse haben eine feine Nase. Wenn sie Lemminge unter dem Schnee riechen, buddeln sie blitzschnell ein Loch und packen zu. Auch die Schnee-Eule macht Jagd auf die Nager.

Lemminge leben überall im hohen Norden. Früher glaubten die Menschen, Lemminge würden in riesigen Massen zum Meer wandern, um sich darin umzubringen. Inzwischen haben Forscher herausgefunden, daß dies so nicht stimmt. Allerdings haben Lemminge eine sehr merkwürdige Art, sich zu vermehren.

Im Sommer lebt eine kleine Gruppe skandinavischer Lemminge auf einer hohen Bergwiese. Dort gibt es leckere Gräser und Kräuter. Die Weibchen bekommen mehrmals Junge, so daß die Gruppe am Ende des Sommers schon deutlich größer geworden ist. Im Herbst ziehen die Lemminge dann hangabwärts in ein nahes Wäldchen.

Im nächsten Frühling brechen alle wieder zu den saftigen Bergwiesen auf. Noch gibt es genügend Nahrung, aber der Platz im Sommerquartier wird schon etwas enger. Füchse und Raubvögel müssen nicht mehr lange nach Nahrung suchen. Sie finden reichlich Beute für sich und ihren Nachwuchs. Deshalb ziehen sie viel mehr Junge auf als in mageren Jahren. Ende des Sommers wandern die Lemminge wieder bergab. Auch andere Lemminge suchen nach einem Winterquartier. Der Gebirgswald ist schon bald überfüllt, und viele Lemminge müssen jetzt weiter wandern. Alle drei bis vier Jahre haben sich die Lemminge so ungewöhnlich stark vermehrt. Durch Nahrungsknappheit, Raubtiere oder an Erschöpfung sterben viele Lemminge, so daß ihre Zahl wieder etwas zurückgeht.

Die Lemminge

Größe:	8–14 cm
Gewicht:	bis 150 g
Nahrung:	Knospen, Zweige, Blätter, Früchte
Feinde:	Schnee-Eule, Polarfuchs
Besondere Merkmale:	lange Grabkrallen an den Vorderfüßen

Wirklich massenhaft vermehren sich die Lemminge jedoch nur alle 32 bis 36 Jahre. Dann überschwemmen Lemmingschwärme auf der Suche nach Winterquartieren riesige Flächen. Schließlich stoßen sie auf Flüsse oder Seen. Immer mehr Tiere drängen nach. Die ersten gehen ins Wasser und beginnen zu schwimmen. Viele werden von den Fluten

Im Winter suchen die Lemminge in Tunneln unter dem Schnee nach Nahrung. Sie nagen dann an allen Wurzeln und Zweigen.

mitgerissen oder schaffen es nicht bis zum anderen Ufer. Andere fallen von Klippen herab und sterben. Nur wenige überleben solch eine Katastrophe. Sie kehren im Frühling zu den Sommerquartieren zurück. Manche dringen auch in neue Gebiete vor.

Forscher haben ausgerechnet, daß im Jahr 2002 in Finnland wieder eine Massenwanderung stattfinden wird. Lemminge begehen also keinen Massenselbstmord, sie versuchen nur, ein Gebiet mit genügend Nahrung zu erreichen.

Wusstest du,

dass Lemmingmütter bis zu fünfmal im Jahr Babys bekommen? Ein einziges Weibchen kann so 30 Kinder pro Jahr zur Welt bringen.

Wenn der Lemming nicht blitzschnell verschwindet, wird die hungrige Schnee-Eule zupacken.

Der Leopard

Größe: 100-160 cm lang,
Schwanzlänge: 60-90 cm, Schulterhöhe 50-75 cm
Gewicht: 30-80 kg
Nahrung: Antilopen, Gazellen, aber auch kleine Säugetiere und Vögel
Feinde: keine; Löwen und Hyänen jagen die Jungen
Besondere Merkmale: kann ausgezeichnet sehen und hören; schleppt Tiere als Fleischvorrat auf Bäume

Wachsam hält die Leopardenmutter Ausschau nach Löwen. Löwen und Hyänen machen Jagd auf kleine Leoparden, deshalb ist die Mutter sehr vorsichtig. Nur hier oben auf dem Baum fühlt sie sich sicher, denn Löwen und Hyänen können nicht klettern. Die Leopardenmutter hat nur noch ein Kind. Bei der Geburt wogen ihre vier Babys ungefähr 500 Gramm. Immer wieder hat sie ihre Jungen in andere Verstecke getragen. Trotzdem haben die Hyänen drei ihrer Kinder gefunden und getötet. Ihr letztes Kind ist jetzt schon kräftig und braucht viel Fleisch. Mit seinen scharfen Reißzähnchen nagt der kleine Leopard an einer Gazelle. Erst wenn er satt ist, wird die Mutter essen. Der Rest bleibt als Vorrat auf dem Baum liegen.

Leoparden meiden die offenen Grasflächen. Sie leben am Rand der Savanne. Während des heißen Tages suchen sie einen ruhigen, kühlen Platz. In der Nacht oder am frühen Morgen erst gehen sie auf die Jagd. Von einem felsigen Hügel aus suchen sie die Umgebung ab. Da Leoparden nicht so schnell rennen können wie Geparden, müssen sie sich sehr nahe an ihre Beute anschleichen. Ihr geflecktes Fell ist eine perfekte Tarnung. Eng an den Boden geschmiegt bleiben sie immer wieder völlig regungslos liegen. Stundenlang kann das Anschleichen dauern. Ein mächtiger Sprung, dann packen sie ihr Opfer und töten es mit einem Biß in die Kehle oder in den Nacken. Manchmal fängt sie für ihre Jungen eine kleine Gazelle. An ihr üben die jungen Leoparden Anschleichen und Anspringen.

Leoparden sind Einzelgänger. Sie durchstreifen große Gebiete und markieren ihre Reviergrenzen mit Urin. Immer wieder reißen sie mit den Krallen deutliche Zeichen in die Rinde von Bäumen. Nur zur Paarungszeit treffen sich Männchen und Weibchen, danach trennen sie sich sofort wieder. Die Jungen bleiben zwei Jahre bei der Mutter.

Leoparden sind sehr stark. Sie können ihre Beute leicht wegschleppen.

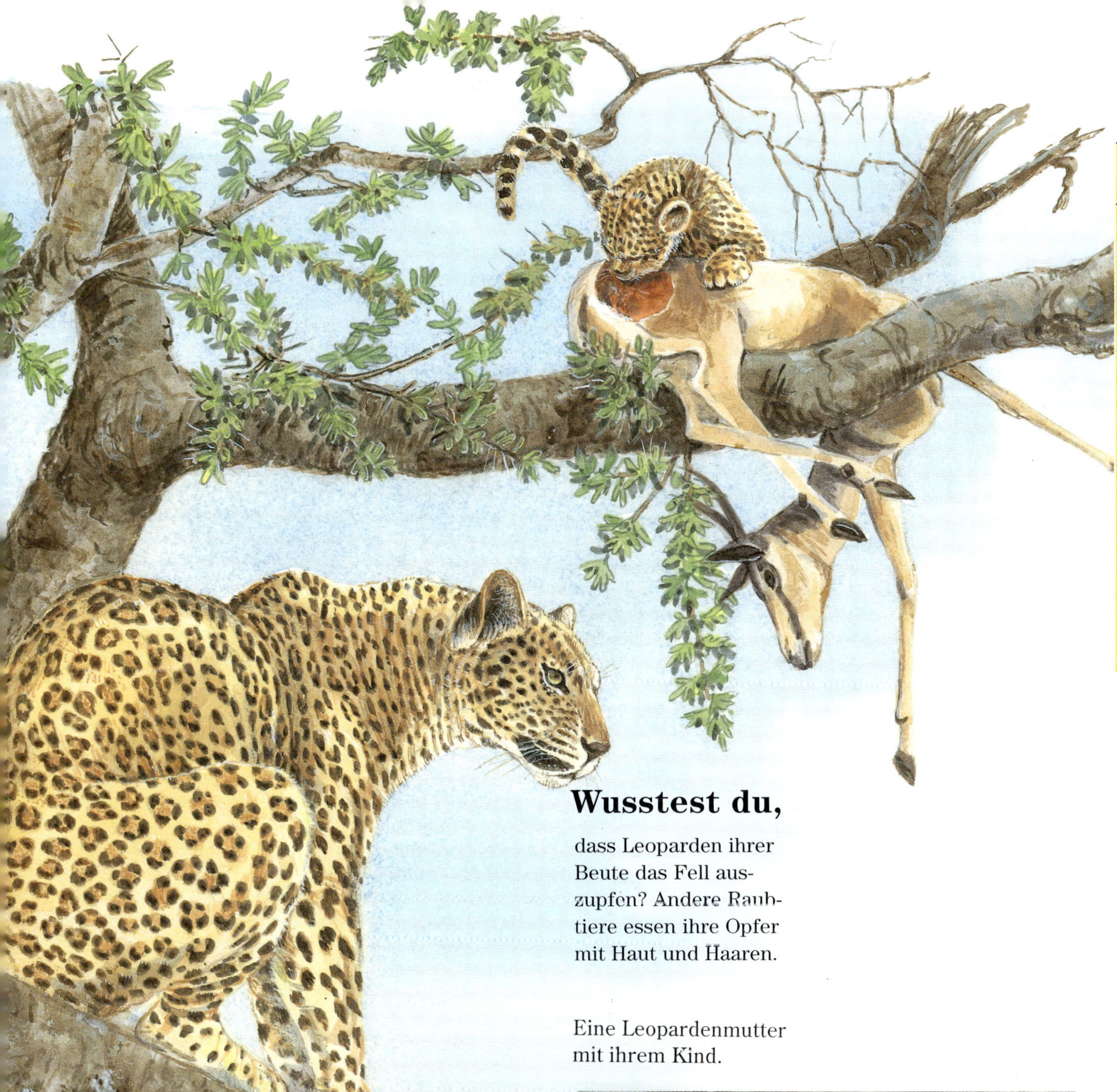

Die Leopardin hat eine Gazelle auf den Baum geschleppt. Das Junge beginnt sofort mit der Mahlzeit. Der Rest bleibt als Vorrat für später liegen.

Wusstest du,

dass Leoparden ihrer Beute das Fell auszupfen? Andere Raubtiere essen ihre Opfer mit Haut und Haaren.

Eine Leopardenmutter mit ihrem Kind.

Wusstest du,

dass Libellen über 30 000 einzelne Augen haben?

Libellen besitzen zwei riesige Kugelaugen, die aus vielen Einzelaugen zusammengesetzt sind. Wie mit einer »Superbrille« erkennen sie damit blitzschnell fliegende Beutetiere. Zwischen den beiden Kugelaugen kannst du drei kleine Punktaugen erkennen. Damit unterscheiden Libellen hell und dunkel.

Die beiden dünnen Fühler sind die Geschwindigkeitsmesser der Libelle. Wenn der Flugwind sie biegt, weiß sie, wie schnell sie fliegt.

Die Libelle

(viele Arten am Teich)

Lebensraum:	Teiche und langsam fließende Bäche
Größe:	nach Art zwischen 4 und 12 cm
Nahrung:	Fliegen, Mücken, Schnaken
Lebenszeit:	ungefähr zwei Monate
Feinde:	Frösche, Spinnen, Vögel
Besondere Merkmale:	große Flugkünstler, können wie lautlose Hubschrauber auf der Stelle schweben
Typisches Verhalten:	fliegen mittags dicht über dem Wasser kleine Schleifen

Scheinbar schwerelos schwebt ein kleines Insekt über die Seerosen am Teichufer. Es landet auf einer Blüte, startet wieder, bleibt kurz in der Luft stehen und ist im nächsten Augenblick verschwunden. Dieser elegante Flieger ist eine Hufeisenazurjungfer. Libellen beherrschen die erstaunlichsten Flugmanöver, weil sie ihre vier Flügel unabhängig voneinander bewegen können. Als geschickte Jäger fangen sie ihre Beute im Flug. Ihre dornenbewehrten Beine halten sie beim Fliegen nach vorne. Als wollten sie einen Ball auffangen. So greifen sie Mücken und andere Insekten wie mit einem Fangkorb aus der Luft. Selbst als Paarungsrad, wie auf der Zeichnung, können Libellen fliegen und vor gierigen Froschzungen flüchten. Das ist gar nicht selbstverständlich.

Hufeisenazurjungfern stechen ihre Eier in die Stengel von Schwimmpflanzen. Die Männchen sind bei der Eiablage immer dabei. Wie Wachtürme stehen sie auf ihren Weibchen.

Die Geburt einer Plattbauchlibelle:

Die Larvenhaut platzt am Rücken auf. Augen, Kopf und eine grün gefärbte Brust schieben sich heraus.

Der schwere Vorderkörper kippt nach hinten über. Die Libelle hängt solange kopfabwärts, bis die weichen Beine an der Luft getrocknet sind.

Dann richtet sie sich auf und umklammert mit den Vorderbeinen den Schilfstengel. Jetzt kann sie ihren Hinterleib aus dem engen Larvenköcher ziehen.

Die Libelle entfaltet ihre Flügel.

Die ersten Sonnenstrahlen trocknen den Körper. Die alte Larvenhaut wird nicht mehr gebraucht. Sie verweht der Wind.

Der Löwe

Größe:	170-190 cm (Löwinnen bis 175 cm); Schwanz 70-105 cm; Schulterhöhe 80-110 cm
Gewicht:	150-250 kg (Löwinnen bis 180 kg)
Nahrung:	Zebras, Gnus, Antilopen, Büffel
Feinde:	keine
Besondere Merkmale:	gelbe Augen; Löwe mit großer Mähne; Schwanz mit dunkler Quaste

Stell dir vor,
Löwen leben und jagen als einzige Katzen in einem Rudel mit strenger Rangordnung.

Träge dösen die Löwen in der heißen Mittagssonne im Schatten eines Baumes. Nur die Kleinen wollen nicht ausruhen. Sie tollen herum, jagen sich oder ärgern die Eltern.

Eine ruhende Löwenfamilie bietet ein friedliches, entspanntes Bild. Man sieht ihnen nicht an, welch hartes Leben sie führen. So eine große Familie braucht viel Fleisch. Jeden Tag müssen die Löwinnen auf die Jagd gehen. Der Löwe kommt erst, wenn die Beute erlegt ist und holt sich seinen „Löwenanteil".

In der Regenzeit wimmelt es von Tieren in der Savanne und die Löwen finden reichlich Beute. In der Trockenzeit wandern viele Tiere ab. Nur die Löwen bleiben dauernd in ihrem Revier. Da die Nahrung in der Trockenzeit knapp ist, müssen Löwen jetzt oft lange fasten.

Die Löwinnen und ihre Kinder bilden den Kern des Rudels. Sie bleiben immer zusammen und kümmern sich gemeinsam um die Jungen. Erwachsene Löwen verlassen die Familie und leben einige Zeit allein oder mit ihren Brüdern. Erst wenn sie stark genug sind, versuchen sie einen alten Löwen zu vertreiben. Gelingt ihnen das, wird ein neuer Löwe Chef des Rudels. Er bringt zuerst alle kleinen Löwen um, denn er duldet nur die eigenen Kinder um sich.

Seine wichtigste Aufgabe ist es, das Revier gegen andere Löwen zu verteidigen. Er schreitet durch sein Revier und zeigt mit seinem Gebrüll: „Hier bin ich der Herr!" Seine Herrschaft dauert aber nur wenige Jahre, dann kommt ein junger, stärkerer Löwe und vertreibt ihn.

„Das geht zu weit", könnte der Löwenvater denken, „jetzt nagt sogar einer an meinem Schwanz herum." Er fletscht die Zähne und grollt.

Wachsam beäugt der Luchs den vorwitzigen Raben. Beute ist knapp im Winter und so ein Schneehase ist eine gute Mahlzeit. Die will der Luchs auf keinen Fall mit den Raben teilen. Luchse leben als Einzelgänger in großen Revieren, die sie mit Urin und Kratzspuren an Bäumen markieren. Am liebsten mögen sie Wälder, wo sie auch im Winter genügend Beute finden. Dabei hilft ihnen ihr guter Geruchssinn: Ein Kaninchen erschnuppern sie auf 300 m Entfernung, ein Reh sogar noch auf 600 m.

Ein Luchs kann nur kurze Zeit schnell rennen. Deshalb pirscht er sich an und lauert seiner Beute geduldig auf. Erst wenn er sich bis auf zwanzig Meter genähert hat, greift er an. Mit einem Satz schnellt der Luchs aus seinem Versteck, wirft sein Opfer mit einem Tatzenschlag zu Boden und tötet es mit einem Biss in den Hals. Kleine Tiere isst er sofort auf, größere reichen für mehrere Tage.

Im Frühling, zur Paarungszeit, verlassen die Luchse ihr Revier und suchen nach einer Partnerin. Mit langen, jaulenden Schreien rufen sie nach einer Luchsin. Treffen dabei zwei männliche Luchse aufeinander, kann es zu Kämpfen kommen.

Etwa neun Wochen nach der Paarung bringt die Luchsin bis zu fünf Junge zur Welt. Bei der Geburt fehlt ihnen der Ohrpinsel der Erwachsenen. Erst nach 14 Tagen öffnen die Babys ihre Augen und nach fünf Wochen trauen sie sich zum ersten Mal aus der Höhle heraus. Im Spiel erkunden sie nun ihre Umgebung. Junge Luchse bleiben bis zum nächsten Frühjahr bei ihrer Mutter. Nur wenn sie von ihr mit Fleisch versorgt werden, können sie den Winter überleben.

Gespannt beobachten die Luchsin und ihre Jungen die Umgebung. Vielleicht haben sie ein Beutetier erspäht.

Der Luchs

Größe:	80-110 cm; Schwanz 15-25 cm; Schulterhöhe 50-75 cm
Gewicht:	15-38 kg
Nahrung:	Rehe, Hasen, Mäuse, Vögel
Feinde:	Wolf, Vielfraß, Leopard, Tiger
Besondere Merkmale:	hohe, spitze Ohren mit Haarpinsel, scharfes Gehör; kurzer Schwanz, breite Pfoten mit Haarpolstern unter der Sohle

Stell dir vor,
Luchse verstecken den Rest ihrer Mahlzeit im Winter unter Schnee, im Sommer unter feuchten Blättern. So bleibt das Fleisch länger frisch.

Ein Marienkäfer landet auf deiner Hand. Du spürst das zarte Kribbeln seiner Beine auf der Haut und möchtest ihn am liebsten festhalten. Doch ehe du die schwarzen Punkte auf seinem Rücken zählen konntest, ist der kleine kugelige Käfer wieder davongeschwirrt. Er ist hungrig und auf der Suche nach Blattläusen. Die hat er zum Fressen gern. Am liebsten setzt er sich mitten in eine große Blattlauskolonie und läßt es sich schmecken. Dann fühlt er sich wie im Schlaraffenland.

Im Laufe seines Lebens vertilgt der Marienkäfer mehrere tausend Blattläuse. Ständig krabbelt er von Pflanze zu Pflanze und hält nach neuen Beutetieren Ausschau. Dabei trägt er seinen roten Rücken unbekümmert zur Schau. Von Tarnung hält ein Marienkäfer nichts. Trotzdem wird er nur selten ein Opfer seiner zahlreichen Feinde.

Seine auffällige Farbe ist eine Warnfarbe. »Vorsicht! Ich schmecke nicht gut«, sagt der Marienkäfer damit anderen Tieren. Fast immer zeigt dieses Signal auch die erwartete Wirkung. Die meisten seiner Feinde lassen ihn in Ruhe. Nur junge und unerfahrene Vögel schnappen ab und zu nach ihm. Aber sie spucken den ekligen Bissen sofort wieder aus.

Wusstest du,

dass eine einzige Marienkäferlarve während ihrer Entwicklung etwa 400 Blattläuse vertilgt?

Der Marienkäfer

Größe:	6 bis 8 Millimeter
Nahrung:	Blattläuse und Schildläuse
Lebenszeit:	9 bis 10 Monate
Feinde:	Vögel, Eidechsen, Spinnen, Ameisen
Besondere Merkmale:	sondert bei Gefahr eine giftige, gelbe Flüssigkeit ab
Typisches Verhalten:	legt seine Eier in Blattlauskolonien

Bei Gefahr sondert der Marienkäfer aus schmalen Spalten in seinen Beinen eine gelbe Flüssigkeit ab. Diese Flüssigkeit schmeckt unangenehm bitter. Jeder Angreifer, der das erfahren hat, wird ihn in Zukunft meiden. Darauf vertraut der Marienkäfer. Sollte er trotzdem einmal bedroht werden, hat er noch einen raffinierten Trick parat: Er läßt sich einfach fallen und stellt sich für einige Zeit tot. Spätestens jetzt verliert jeder hungrige Feind das Interesse. Im Gewirr der Grashalme nach einem kleinen Käfer zu suchen, wäre viel zu aufwendig.

Zwei Wochen lang vertilgt eine Marienkäferlarve Blattlaus um Blattlaus. Dann verpuppt sie sich.

Marienkäfer werden nach der Anzahl der Punkte auf ihrem Rücken benannt. Der häufigste und bekannteste Marienkäfer ist der Siebenpunkt. Ihm begegnest du oft auf blühenden Sommerwiesen.

Marienkäferweibchen legen ihre Eier immer in der Nähe von Blattlauskolonien ab. So finden die Larven sofort genügend Nahrung.

Mitten zwischen blühenden Gräsern bricht plötzlich der Boden auf. Dunkle, krümelige Erde quillt nach oben. Schnell türmt sich ein kleiner Hügel auf. Hier baut ein Maulwurf an seiner Burg im Untergrund.

Der Maulwurf ist ein fleißiger Erdarbeiter. Überall dort, wo der Boden nicht allzu steinig ist, gräbt er lange Tunnel. Oft ziehen sich seine unterirdischen Straßen über viele hundert Meter unter Wiesen und Feldern hin. Im Mittelpunkt dieses dunklen Labyrinths liegt seine Nesthöhle. Sie ist warm und weich mit Grashalmen ausgepolstert. Hier wohnt der Maulwurf.

Der Maulwurf

Größe:	12 bis 15 cm, Gewicht 50 bis 100 Gramm
Nahrung:	Regenwürmer, Tausendfüßler, Schnecken, Insektenlarven
Lebenszeit:	3 bis 4 Jahre
Feinde:	Wildschwein, Dachs, Waldkauz, Schleiereule
Besondere Merkmale:	kräftige Vorderfüße mit langen Krallen (Grabschaufeln)
Typisches Verhalten:	wirft kleine Erdhaufen auf (Maulwurfshügel)

Möchtest du in ewiger Dunkelheit leben? Bestimmt nicht. Der Maulwurf findet das schön. Er ist dafür auch wie geschaffen. Ein dichtes samtiges Fell hält ihn wunderbar warm. Tausende feinster Tasthärchen im Gesicht, an seinen Grabhänden und am Schwanz melden ihm jede Bewegung in seiner finsteren Welt. Auch seine Nase funktioniert ausgezeichnet. Nur auf seine Augen kann sich der Maulwurf nicht verlassen. Er sieht kaum etwas. Aber das ist gar nicht notwendig, er spürt auch so genügend Regenwürmer auf.

Ein erwachsener Maulwurf braucht täglich mindestens zwanzig Regenwürmer, um satt zu werden. Wenn die Erde feucht ist, findet er diese Menge leicht in seinen Erdgängen. Aber wehe, es regnet wochenlang nicht und der Boden trocknet aus. Dann müßte er verhungern, hätte er nicht vorgesorgt. Für solche Notzeiten hat der Maulwurf eine gut gefüllte Speisekammer. Manchmal schlängeln sich weit über tausend Regenwürmer darin.

Der Maulwurf wagt sich nur selten ans Licht der Sonne. Kaum jemand bekommt ihn zu Gesicht. Nur die vielen braunen Hügel auf der Wiese verraten, daß er da ist.

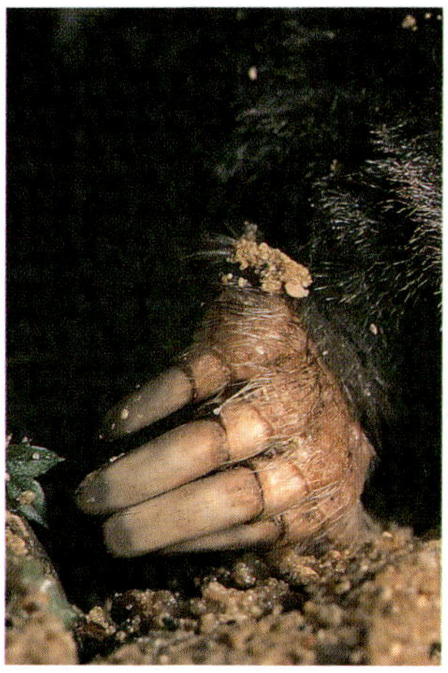

Diese beiden Bilder zeigen dir die Vorderpfote des Maulwurfes: links die Oberseite, rechts die Unterseite. Du siehst ganz deutlich die langen scharfen Krallen an den Zehen. Damit kann er ohne Mühe seine ausgedehnten Tunnel graben.

Wusstest du,

dass der Maulwurf mit einem Tempo von vier Stundenkilometer durch seine unterirdischen Straßenschluchten flitzt?

Der Mäusebussard

Größe:	Länge 56 cm, Gewicht 1 kg, Flügelspannweite 140 cm
Nahrung:	Mäuse, aber auch Frösche, Kröten, Blindschleichen und Regenwürmer
Lebenszeit:	26 Jahre
Feinde:	keine
Besondere Merkmale:	häufiges rauhes Miauen, klingt wie »Hiäh«
Typisches Verhalten:	jagt von einem Beobachtungsposten aus

Ein Mäusebussard segelt hoch oben am Himmel. Mit weit ausgebreiteten Flügeln und breit gefächertem Schwanz zieht er seine Kreise. Plötzlich legt er die Schwingen an und läßt sich fallen. Wie ein Stein saust der mächtige Vogel zur Erde. Erst knapp über dem Boden bremst er den Schwung ab, streckt seine Füße nach vorne und landet sicher auf einem Weidezaun. Das ist sein Stammplatz. Von hier aus beobachtet er tagtäglich das Gelände. Seinen scharfen Augen entgeht keine Bewegung in Feld und Wiese. Jede Maus, die sich aus ihrem Schlupfloch wagt, greift er sich.

Der Mäusebussard bewacht gerne von erhöhter Stelle aus sein Revier. Geduldig sitzt er stundenlang auf seinem Wachposten und lauert kleinen Tieren auf. Am häufigsten erbeutet er Feldmäuse. Sie machen in guten Mäusejahren den Hauptteil seiner Nahrung aus. Wenn er nicht genug Mäuse findet, holt er sich Frösche und Kröten, ab und zu auch eine Zauneidechse oder eine Blindschleiche. Manchmal sieht man ihn sogar über Wiesen spazieren und Regenwürmer fressen.

Mit messerscharfen Klauen ergreift der Mäusebussard seine Beute. Für eine Maus gibt es aus diesen langen Krallen kein Entrinnen.

Wusstest du,

dass der Mäusebussard seinen Horst mit grünen Zweigen und manchmal sogar mit gelben Löwenzahnblüten schmückt?

Ein Mäusebussard beobachtet von einem Weidezaun aus das Gelände. In seinem großen Revier duldet er keinen anderen Greifvogel neben sich, hier darf nur er allein jagen.

Das Mauswiesel

Größe:	18–33 cm (mit Schwanz)
Gewicht:	Männchen ca. 120 g; Weibchen ca. 60 g
Nahrung:	Mäuse und andere Kleinsäuger
Fortpflanzung:	Paarungszeit Februar bis März; 1–2 Würfe im Jahr
Feinde:	Greifvögel, Eulen, Fuchs
Besondere Merkmale:	kurzer brauner Schwanz; weiße Unterseite
Typisches Verhalten:	sehr ortstreu; Einzelgänger

Zwischen dem Steinwall in einer stillen Gartenecke taucht plötzlich ein schlankes, braunes Tierchen auf. Wie ein dünnes Würstchen ist es geformt mit dem langen schmalen Körper, dem kurzen Schwanz und den kurzen, sehnigen Beinen. In kurzen Sätzen läuft es zum Apfelbaum. Zwischen den einzelnen Sprüngen richtet es sich auf und schaut aufmerksam umher. Beim Männchenmachen können wir gut seine Knopfaugen und die weiße Unterseite erkennen. Dicht beim Apfelbaumstamm ist das wieselflinke Tier plötzlich wie vom Erdboden verschluckt.

Mäuselöcher sind für ein Mauswiesel kein Problem. Mit seinem schlanken geschmeidigen Körper kann es ungehindert durch enge Wühlmausgänge schleichen. Ständig auf Beutejagd durchstöbert das Mauswiesel unsere Gärten.

Wusstest du,

dass unser Mauswiesel das kleinste Raubtier der Erde ist?

Wenn du nachguckst, wohin das Tier verschwunden ist, entdeckst du vielleicht ein enges Mauseloch. Gerade noch hörst du ein kurzes Fiepen, Pfeifen und Zischen unter der Erde. Dann ist es mit einemmal wieder ganz still.

Das flinke, dünne Tierchen ist ein Mauswiesel auf Mäusejagd. Sein schlanker, sehr beweglicher Körper paßt ideal in enge Mäusegänge. Wer schlank und beweglich ist, hat aber auch Nachteile: Er kann sich kein Fettpolster anfressen, das als Energievorrat dienen würde. Dicke Mauswiesel würden nicht mehr durch die Mäuselöcher kommen, wo sie ihre Beute finden. Deshalb muß das Mauswiesel rund um die Uhr jagen, um seinen ständigen Hunger zu stillen.

Mäusepfiffe signalisieren dem Mauswiesel fette Beute. Du kannst es anlocken, wenn du den Mäusepfiff nachmachst.

Der Meerotter

Größe:	120-145 cm
Gewicht:	Männchen 27-45 kg, Weibchen 16-32 kg
Lebensraum:	Westküste Nordamerikas
Feinde:	Haie
Beute:	Muscheln, Schnecken, Seeigel, Fische, Krabben
Beutefang:	mahlende Backenzähne; geschickte Hände; benutzt Werkzeuge.

Der Meerotter hat eine Meeresschnecke vom Grund des Meeres nach oben geholt. Seine starken Backenzähne sind zwar kräftig genug für große Krabben, das Schneckenhaus ist aber viel stabiler. Wie soll er die dicke Schale der Schnecke knacken?

Meerotter gehören zu den Tieren, die Werkzeuge gebrauchen. Er hat sich einen flachen Stein als Amboss auf den Bauch gelegt. Unter dem Arm trägt er einen zweiten, kleineren Stein. Der Meerotter holt ihn hervor und benutzt ihn wie einen Hammer. Damit schlägt er so lange zu, bis das Schneckenhaus zerbricht. Nun kann er das leckere Fleisch essen.

Der Meerotter hat sehr geschickte Hände. Hinzu kommt: Je nach Beutetier verändert er seine Technik. Er schlägt mit einem Hammerstein Schnecken und Muscheln vom Meeresboden los, bricht die Stacheln von Seeigeln ab oder knackt die harte Schale von Meerestieren mit einem kleinen Stein.

Schon die jungen Meerotter wissen ungefähr, wie man das macht. Sie müssen aber noch sehr viel lernen, bis sie so geschickt mit dem Werkzeug umgehen wie ihre Mutter.

Jeden Tag verzehrt ein Meerotter ein Fünftel bis ein Drittel seines Körpergewichtes. Er muss so viel essen, weil er keine wärmende Speckschicht hat und sein Körper die Wärme erzeugen muss.

Fast ihr ganzes Leben halten sich die Meerotter im Meer auf. Sie sind hervorragende Schwimmer und Taucher. Sie können vier

Minuten lang unter Wasser bleiben und fast hundert Meter tief tauchen. Sie können sogar das salzige Meerwasser trinken. Mit ihren großen Nieren scheiden sie das überschüssige Salz aus.

Meerotter sind die größten Marder, aber die kleinsten Meeressäugetiere. Ihr Fell besteht aus 800 Millionen einzelnen Haaren. Es wird regelmäßig gesäubert und gepflegt, damit es nicht verklebt. Immer wieder drehen und rollen sie sich im Wasser herum und entfernen dabei mit den Händen jeden Schmutz.

Wegen ihres dichten Fells hatten Pelzjäger die Meerotter fast ausgerottet. Erst seit sie streng geschützt sind, hat sich ihre Zahl wieder erhöht. Darüber freuen sich aber nicht alle Menschen. Fischer fürchten, dass sie zu viele der teuren Krabben, Schnecken und Muscheln verzehren.

Der Fischotter ist ein kleiner Verwandter des Meerotters. Seine Lieblingsbeute sind Fische.

Stell dir vor,

Meerotter schlafen sogar im Wasser. Sie wickeln sich in große, schwimmende Algen ein und lassen sich treiben. Die Algen verhindern, dass sie fortgeschwemmt werden.

Gemächlich lassen sich die Meerotter im Meer treiben. Sie legen ihre Mahlzeit auf dem Bauch ab und verzehren sie Stück für Stück.

Jetzt wird es ernst! Die Brillenschlange fühlt sich bedroht und richtet sich auf. Sie spreizt die Nackenhaut auseinander und zeigt die »Brille«. Jedes andere Tier wäre jetzt gewarnt und würde sich schleunigst trollen. Nicht so der Mungo. Sein dichtes Fell schützt ihn vor den Giftzähnen der Schlange. Außerdem wirkt das Gift bei ihm nur selten tödlich - man sagt, er ist immun gegen Schlangengift.

Mungos sind ungeheuer schnell und geschickt. Immer wieder weichen sie der zustoßenden Schlange aus. Diese Brillenschlange ist aber sicher auch für einen Mungo zu groß. Wahrscheinlich wird er sie nur etwas »ärgern« und dann schnell verschwinden.

Bei kleineren Schlangen, auch giftigen Kobras, gibt der Mungo aber nicht auf. Er weicht den Angriffen der Schlange aus, springt vor und versucht sie mit den Zähnen zu packen. Erwischt er die Schlange hinter dem Kopf, hat er den Kampf gewonnen. Er beißt sie tot und verschluckt sie mit dem Kopf voran.

Sogar Eier kann der Mungo öffnen. Allerdings ist sein Gebiss zu schwach, die Schale zu zerbrechen. Deshalb hat er eine andere Methode entwickelt: Er klemmt das Ei zwischen die Vorderpfoten und schleudert es auf den Boden, bis es zerbricht. Andere Mungos packen das Ei und werfen es durch ihre Hinterbeine gegen eine Mauer. Ist die Schale zerplatzt, lecken sie den nahrhaften Inhalt auf.

Bedrohlich hat sich die Brillenschlangen aufgerichtet. Ihre Nackenhaut breitet sich aus, deutlich sieht man die Brille darauf. Aber im Indischen Mungo hat sie einen starken Gegner gefunden.

Bei der Jagd helfen dem Mungo die feine Nase und die scharfen Augen. Ihnen entgeht keine Beute. Mungos sind tagaktiv und machen Jagd auf alles, was sie erwischen können. Verwandte des Indischen Mungos leben in Afrika und Südeuropa. Als Rattenvertilger haben sie die Menschen auch nach Hawaii oder in die Karibik mitgenommen. Wenn Mungos im Boden nach Beute graben, können sie sogar ihre Ohren verschließen. So kann keine Erde eindringen.

Die Mungos gehören zur Tierfamilie der Schleichkatzen. Schleichkatzen sind schlank und geschmeidig und haben sehr kurze Beine. Sie schleichen ihre Beute geduckt an. Für die Forscher sind die Mungos besonders interessant, denn sie sind eine sehr alte Familie. Ihre direkten Vorfahren sind die Miaciden, die schon vor rund 40 Millionen Jahren auf der Erde lebten. Von ihnen stammen alle Katzen, Hunde und Bären ab.

Der Mungo

Größe:	bis 43 cm; Schwanz 40 cm
Gewicht:	bis 1,5 kg
Lebensraum:	Indien
Feinde:	keine
Beute:	kleine Säugetiere, Vögel, Schlangen und Echsen
Beutefang:	scharfe Zähne; unempfindlich gegen Schlangengift

In Indien werden Mungos genauso zahm wie die Haustiere bei uns. Sie sind tagsüber aktiv und jagen fast alles, was ihnen in die Quere kommt.

Ohne Furcht nähert sich der Mungo einer Brillenschlange. Er ist wendig und flink genug, ihren Angriffen auszuweichen.

Stell dir vor,

Mungos können ihre Ohren verschließen. Wenn sie im Boden nach Beutetiere graben, kann so keine Erde eindringen.

Vögel wie die Tannenmeise sind fleißige Insektenvertilger. Sie fressen auch Raupen und Puppen der Nonne, einem gefährlichen Nachtfalter.

Von den ersten Frühlingstagen bis weit in den Herbst gaukeln bunte Schmetterlinge durch den Wald. Ihre Farben leuchten in der Sonne, wenn sie von Blüte zu Blüte flattern. Aber nicht nur am Tage sind Schmetterlinge unterwegs, viele fliegen auch nachts durch den Wald.

Die »Nonne« ist ein besonders gefährlicher und gefürchteter Nachtfalter. Auch sie lebt im Wald. Mit der Farbenvielfalt ihrer Artgenossen kann sie aber nicht mithalten. Sie ist die »graue Maus« unter den Schmetterlingen. Gut getarnt sitzt sie tagsüber an Baumstämmen und wartet, bis es dunkel wird. Du musst schon sehr genau hinschauen, wenn du sie finden willst.

Nonnenfalter beginnen wie alle Schmetterlinge ihr Leben im Ei. Das Falterweibchen legt die Eier im Spätsommer unter Rindenschuppen ab. Hier überdauern sie geschützt den Winter. Erst im nächsten Frühjahr schlüpfen daraus gefräßige Raupen. Ihr ganzes Leben besteht nur aus Fressen. Dafür wurden sie von der Natur gut ausgerüstet: Sie besitzen am Kopf kräftige Kiefer zum Zerschneiden der Nadeln und Blätter. Nonnenraupen sind nicht sehr wählerisch, sie vertilgen Nadeln und Blätter von fast allen Baumarten, besonders gerne allerdings die Nadeln von Fichten und Kiefern. Nonnenraupen sind ständig hungrig. Während ihrer Entwicklung können sie ganze Wälder kahl fressen. Aber nach etwa zwei Monaten haben sie genug. Sie suchen sich unter Rindenschuppen ein verstecktes Plätzchen und verpuppen sich. Etwa acht bis vierzehn Tage dauert ihre Puppenruhe. In dieser Zeit verwandelt sich die Raupe in einen Schmetterling. Nach spätestens zwei Wochen zwängt sich ein Nonnenfalter aus der Puppenhülle.

Nonnenfalter haben nur ein sehr kurzes Leben. Höchstens zehn Tage fliegen sie durch den dunklen Wald. In dieser kurzen Zeit haben sie nur eine Aufgabe: Sie müssen möglichst viele Eier legen.

Die Nonne

Lebensraum:	Nadel- und Mischwälder
Größe:	Flügelspannweite 40 mm, Weibchen oft etwas größer
Nahrung:	die Raupen fressen Fichten- oder Kiefernnadeln, die Falter nehmen keine Nahrung auf
Lebenszeit:	nur 10 bis 14 Tage
Feinde:	Laufkäfer, Ameisen, Vögel
Besondere Merkmale:	Vorderflügel weiß mit vielen dunklen welligen Querlinien; Hinterflügel grau mit dunklen Punkten
Typisches Verhalten:	Falter ruhen tagsüber am Stamm

Wusstest du,

dass eine einzige Nonnenraupe während ihrer Entwicklung ungefähr 2000 Fichtennadeln frisst?

Nonnenfalter fliegen Nacht für Nacht durch den Wald auf der Suche nach günstigen Eiablageplätzen.

Nonnenraupen sind anfangs gerade zwei Millimeter groß. Bis zu ihrer Verpuppung wachsen sie auf 35 Millimeter heran. In dieser Zeit häuten sie sich etwa fünfmal. Schmetterlingsraupen haben eine feste Außenhaut, die nicht mitwachsen kann. Deshalb muss sich jede Raupe während ihrer Entwicklung mehrmals häuten.

Ausgewachsene Raupen der Nonne krabbeln zwischen Rindenschuppen am Stamm, spinnen sich eine feste Hülle und werden zur Puppe. Auch die Puppen sind durch ihre Färbung gut an den Untergrund angepasst.

Die Ruhepause ist beendet. Das Ozelotpärchen verlässt seinen Schlafplatz und steigt vom Baum.

Geschickt wie Seiltänzer balancieren die Ozelots auf dem Ast. Sie können zwar hervorragend klettern, halten sich aber meist am Boden auf. Nur zum Schlafen ziehen sie sich in eine sichere Astgabel zurück.

Ozelots leben scheu und verborgen in den Wäldern und Buschlandschaften Süd- und Mittelamerikas. Wahrscheinlich teilt sich ein Pärchen ein Revier. Die beiden bleiben aber nicht als Familie beisammen, sondern jeder geht seines Weges. Nur manchmal jagen sie gemeinsam, dann verständigen sie sich untereinander durch Rufe.

Besonders aktiv werden Ozelots nachts und in der Dämmerung. Dann suchen sie am Boden nach Beute. Mit ihren guten Ohren hören sie noch das leiseste Rascheln, und das Licht des Mondes reicht ihnen, um die Beute aufzuspüren. Haben sie ein Tier entdeckt, ducken sie sich flach an den Boden und warten auf den richtigen Moment. Plötzlich stürmen sie dann aus der Deckung und töten ihr Opfer mit einem Biss ihrer scharfen Zähne.

Wegen seines schönen Fells haben Wilderer den Ozelot beinahe ausgerottet. Zwischen den einzelnen Unterarten gibt es große Unterschiede: Einige sind größer und schwerer, manche haben kurze, kräftige Beine, andere streifen auf langen, schlanken Beinen durch ihr Revier. Auf den ersten Blick werden sie manchmal mit dem etwas kleineren Baumozelot verwechselt, der im selben Lebensraum vorkommt. Sein Name verrät es schon: Er verlässt nur selten die sicheren Baumwipfel.

Der Baumozelot ist ein naher Verwandter des Ozelots. Er klettert fast nie von den Bäumen auf den Boden.

Der Ozelot

Größe:	70-100 cm; Schwanz 27-45 cm; Schulterhöhe 40-50 cm
Gewicht:	11-16 kg
Nahrung:	kleine Säugetiere, Vögel, Schlangen, Eidechsen
Feinde:	keine
Besondere Merkmale:	Nachtjäger; kleiner, gedrungener Kopf; Fellzeichnung aus dunklen Bändern und Flecken

Stell dir vor,
ein Ozelot legt seinen Kopf zum Schlafen auf die ausgestreckten Vorderpfoten wie ein Hund.

Das Porträt eines Großen Pandas.

Diesen tapsigen Burschen kennt wohl jeder: Ein Großer Panda sitzt behäbig auf seinem Hinterteil und geht seiner Lieblingsbeschäftigung nach: Bambus essen. Deshalb wird er auch Bambusbär genannt. Er lebt in den Bergen Chinas. Weil er zu den seltensten Tieren der Welt gehört, wird er streng geschützt.

Sein Lebensraum sind üppige, undurchdringliche Bambuswälder. Auf Pfaden, die er sich durch sein Revier getrampelt hat, gelangt der Panda zu den Futterplätzen mit frischem Bambus. An seinen Vordertatzen sitzt ein beweglicher sechster Finger. Es ist ein verlängerter Knochen des Handgelenks. Damit kann der Große Panda die dünnen Bambusstengel besonders gut festhalten.

Die Großen Pandas ernähren sich ausschließlich von Bambus. Der blüht jedoch nur alle paar Jahrzehnte. Und nach der Blüte sterben sämtliche Bambuspflanzen ab. Dann müssen die Pandas einen neuen Bambuswald suchen. Das ist der einzige Grund, weshalb Pandas ihr Revier wechseln. Sonst würden sie sich vermutlich noch weniger bewegen.

Die friedlichen Bambusbären sind Einzelgänger. Mit Duftdrüsen an ihrem Hinterteil markieren sie ihr Revier. Dazu stellen sie sich im Handstand an einen Baum und rubbeln den Hintern an einem Baumstamm.

Im Sommer bringt die Pandabärin ein Junges zur Welt. Sie trägt es ständig an der Brust, damit das Kleine nicht friert. Drückt sie zu fest, macht sich das Pandababy mit lautem Quäken bemerkbar.

Der Panda

Größe:	aufgerichtet 150-180 cm; Schulterhöhe 70-80 cm
Gewicht:	75-110 kg
Nahrung:	Bambus
Feinde:	keine
Besondere Merkmale:	schwarz-weißes Fell; 6 Zehen an der Vorderpfote

Bambusbären bleiben meist auf dem Boden. Nur zur Paarungszeit klettern männliche Bären auf einen Baum und rufen nach einer Bärin. Dann kommt es sogar zu Kämpfen zwischen den sonst friedlichen Einzelgängern.

Wusstest du,

dass Große Pandas täglich 16 Stunden lang essen und dabei 15 Kilogramm Blätter oder 40 Kilogramm Bambussprossen vertilgen?

Der Große Panda sitzt mitten in seinem Mittagessen. Er ist völlig von Bambus abhängig, denn andere Pflanzen mag er nicht.

In Trockenzeiten stürzen sich Tausende von Kakadus durstig auf jede nur erreichbare Wasserstelle.

Die Papageien

(viele Arten)

Größe:	bis fasanengroß
Gewicht:	500 - 1000 g
Nahrung:	Früchte, Nüsse, Pollen, Nektar
Feinde:	Greifvögel, Katze, Fuchs
Jungtiere:	1 bis 10 Eier werden ca. 1 Monat gebrütet
Besondere Merkmale:	farbenprächtiges Gefieder; können Ober- und Unterschnabel bewegen

Rosenpapageien versammeln sich besonders gerne an den Wasserstellen, mit denen das Land künstlich bewässert wird.

Dieser Blauwangenlori neigt sich kopfüber zu einer honigreichen Eukalyptusblüte. Mit seiner Zunge holt er sich Nektar und Pollen und erwischt dabei auch manchen Käfer, der in den Blüten auf Nahrungssuche gewesen ist. Obwohl Blauwangenloris viele Schädlinge vertilgen, sind sie bei den Farmern nicht gern gesehen. Denn wie die Kakadus fallen sie manchmal in großen Schwärmen in deren Obstgärten ein und fressen viele Früchte.

Mit seinem grünen Rücken, der rötlichgelben Färbung von Schnabel, Kropf und Brust und dem leuchtend blauen Kopf und Bauch gehört der Blauwangenlori zu den farbenprächtigsten Papageienarten der Welt. Wie viele andere Papageien und Sittiche lebt er gesellig. Laut lärmend lassen sich die Vögel in den Bäumen nieder. Mühelos klettern sie im Geäst auf und ab, denn ihre Zehen sind wie Greifzangen: zwei Zehen zeigen nach vorne, zwei nach hinten. Noch auf den dünnsten Zweigen wippen sie sicher auf und ab.

Ihren spitzen Schnabel benutzen Papageien als Werkzeug: beim Aushöhlen eines Nistplatzes, beim Aufbrechen von Frucht- und Samenschalen, aber auch um sich gegenseitig Ungeziefer aus den Federn zu picken.

Wusstest du,

dass die Loris eine pinselartige Zunge haben, die wie eine Saugbürste funktioniert. Die anderen Papageien besitzen eine fleischige, birnenförmige Zunge mit vielen Tastkörperchen.

Gut versteckt in seiner Erdhöhle wartet der kleine Papageitaucher auf Nahrung. Dieses Jahr hatten seine Eltern Glück. Sie haben einen verlassenen Kaninchenbau gefunden. Am Ende eines langen Ganges hat die Mutter aus Federn und Pflanzen ein weiches Nest gebaut und ein Ei gelegt. Andere Papageitaucher haben oben auf der Klippe eine Nisthöhle in die Erde gegraben. 40 Tage lang sitzen die Eltern abwechselnd auf dem Ei und brüten, dann schlüpft das Küken aus.

Sechs Wochen lang füttern die Eltern ihr Junges. Immer wieder fliegen sie aufs Meer hinaus und tauchen nach Sandaalen. Erst wenn das Junge ausgewachsen ist, verläßt es seinen sicheren Unterschlupf. Tagsüber ist es eine leichte Beute für die großen Raubmöwen, die Skuas. In der Nacht ist es nicht so gefährlich für die kleinen Papageitaucher. Sie klettern den Felsen herunter, lassen sich ins Wasser plumpsen und schwimmen so weit sie können aufs offene Meer. Hier sind sie einigermaßen sicher und lernen, wie man fliegt und taucht.

Papageitaucher sind echte Meeresbewohner. Fast das ganze Jahr über lassen sie sich von den Wellen umhertreiben. Sie sind ausgezeichnete Taucher. Unter Wasser schlagen sie mit den Flügeln und schnappen nach kleinen Fischen. Dann schießen sie wie ein Korken wieder nach oben. Ihr Gefieder wird dabei überhaupt nicht naß. Die Papageitaucher haben an ihrem Hinterteil eine Bürzeldrüse, die eine ölige Flüssigkeit abgibt. Damit schmieren sich die Vögel regelmäßig ein und machen ihre Federn wasserabweisend.

Im März oder April ist Brutzeit. Dann fliegen die Papageitaucher Hunderte von Kilometern bis zur Küste. Die Paare bleiben ihr ganzes Leben zusammen. Nur auf dem Meer trennen sie sich manchmal. Jedes Jahr zur Brutzeit treffen sie sich am alten Stammplatz und ziehen ein Junges groß. Papageitaucher sind geschickte Flieger. Nur landen können sie nicht gut. Ihre großen Schwimmfüße sitzen so weit hinten am Körper, daß Papageitaucher meist mit einer Bauchlandung ungeschickt auf die Erde plumpsen.

Erst beim Tauchen zeigen sich die Vorteile der nach hinten gestreckten Schwimmfüße. Wie mit einem Steuerruder können die Papageitaucher unter Wasser blitzschnell ihre Richtung ändern.

Der Papageitaucher

Größe:	30 cm
Gewicht:	Männchen 350–480 g; Weibchen 300–350 g
Nahrung:	Sandaale und andere kleine Fische, Tintenfische
Feinde:	Skuas
Besondere Merkmale:	Zur Brutzeit färbt sich der Schnabel kräftig bunt

Papageitaucher rasten auf einem schmalen Felsensims hoch über dem Meer.

Sauber aufgereiht im Schnabel bringt dieser Papageitaucher Sandaale zum Nest. In der Erdhöhle sitzt das Küken der Papageitaucher. Es braucht jetzt viele Fische.

Wusstest du,

dass Papageientaucher im Schnabel und Rachen Widerhaken haben? Damit können sie mehrere Fische auf einmal festhalten.

Konzentriert faßt der Indio sein Ziel ins Auge. Gleich wird er mit dem Blasrohr einen vergifteten Pfeil abschießen.
◀

Ein Indio auf der Jagd streift durch den Regenwald. Mit einem langen Blasrohr zielt er auf einen Papagei. Der Pfeil sirrt durch die Luft. Getroffen – Der Papagei stürzt zu Boden.

Seit Jahrhunderten wissen die Indios, wie man Pfeile vergiftet. Sie gewinnen das Gift aus Pflanzen und aus Pfeilgiftfröschen. In der Haut dieser Tiere sitzen Drüsen. Bei Gefahr sondern sie einen giftigen Schleim ab. Jeder Räuber, der den Frosch packt, verspürt widerliches Brennen und spuckt den Brocken sofort wieder aus. In Zukunft wird er diese auffallend gefärbte Beute meiden. Nur einigen Schlangen und Spinnen scheint das Gift nichts auszumachen. Sie können die Frösche gefahrlos fressen. Der Hautschleim schützt die Frösche aber nicht nur vor vielen Freßfeinden. Auf der glitschigen, feuchten Haut können sich nämlich auch leicht Krankheitserreger und kleinste Pilze einnisten. Das Gift tötet diese gefährlichen Schmarotzer, und die Haut der Frösche bleibt sauber und gesund.

Wusstest du,

dass die auffällige Färbung der Pfeilgiftfrösche mögliche Fressfeinde abschrecken soll?

Sicher angeklebt auf dem Rücken des Vaters lassen sich die Kaulquappen des Genetzten Baumsteigerfrosches in die Baumwipfel tragen. ▼

Die Pfeilgiftfrösche

(viele Arten)

Größe: 1,2 bis 5 cm
Nahrung: Insekten, Milben
Feinde: Schlangen, Spinnen
Besondere Merkmale: tagaktive Jäger; alle Arten sind auffallend gefärbt; sie bilden in der Haut ein tödliches Gift

Baumsteigerfrösche gehören zu den Pfeilgiftfröschen. Zur Paarungszeit klettern die Männchen auf Pilze oder Ästchen. Mit piepsigem Quaken locken sie die Weibchen an. Jeder will der Lauteste sein. Nach der Paarung legen die Weibchen wenige Eier an feuchten Stellen auf dem Boden ab. Nachdem die Kaulquappen geschlüpft sind, nehmen die Eltern sie huckepack auf den Rücken und klettern mit ihnen auf einen Baum. Die Kleinen haben noch keine Beine und können sich nicht festklammern. Klebriger Schleim auf dem Rücken der Eltern hält sie fest. Oben in den Zweigen werden die Kaulquappen in einem Bromelientümpel abgesetzt, wo die Jungen genügend zu fressen finden.

Die Mutter des Roten Pfeilgiftfrosches versorgt ihre Jungen selbst mit Nahrung. Sie klettert auf einen Baum und sucht die Bromelientümpel ab. Die Kaulquappe schlägt mit dem Schwanz und bringt die Wasseroberfläche zum Zittern. Daran erkennt die Mutter, daß dort ein Junges lebt. Sie legt ein unbefruchtetes Ei ins Wasser. Von diesem nahrhaften Ei ernährt sich die Kaulquappe.

Pfeilgiftfrösche gibt es in vielen Farben und Formen. Dies ist einer der seltenen Goldbaumsteigerfrösche.
▼

▲
Zwei Erdbeerfröschchen ruhen sich auf dem Schirm eines kleinen Pilzes aus.

Der Polarfuchs

Größe:	50–65 cm; Schwanz 25–30 cm
Gewicht:	4,5–8 kg
Nahrung:	Mäuse, Lemminge, Vögel, Aas; Früchte und Beeren
Feinde:	Eisbären, Wölfe, Adler
Besondere Merkmale:	im Winter wird das graubraune Fell besonders dicht und färbt sich weiß

Immer wieder bleiben die Polarfüchse kurz stehen und schnuppern an der Fährte. Sie verfolgen einen Eisbär. Eisbären sind mächtige Jäger und fressen ihre großen Beutetiere selten ganz auf. Die Reste reichen den Polarfüchsen als Nahrung im harten Winter. Sie müssen jetzt weite Wanderungen machen, denn kleine Beutetiere sind knapp. Manchmal wittern die Polarfüchse mit ihrer feinen Nase Lemminge unter dem Schnee. Ein schneller Sprung und sie packen zu. Im Winter schließen sich Polarfüchse zu Gruppen zusammen und jagen sogar auf der geschlossenen Eisdecke des Meeres.

Immer wieder kehren die Polarfüchse jedoch zu ihrem Bau zurück. Sie haben lange Tunnel unter dem Schnee gegraben. Dort leben mehrere Familien miteinander. Wenn sie sich zusammenkuscheln, ist es viel wärmer als im eisigen arktischen Wind.

Polarfüchse sind hervorragend an ein Leben in der Kälte angepaßt. Sie sind gedrungener als die Rotfüchse bei uns und haben

kürzere Beine. Im Herbst ist ihnen ein dichtes, weißes Winterfell gewachsen. Das schützt sie vor der klirrenden Kälte. Sogar die Pfoten und die kurzen, runden Ohren sind dicht behaart. Daher frieren sie erst bei sehr niedrigen Temperaturen. Außerdem ist die weiße Farbe eine gute Tarnung im Schnee. Bei manchen Polarfüchsen wird das Fell im Winter graublau. Sie werden Blaufüchse genannt.

Im Frühling verlieren die Polarfüchse die dichten Haare des Winterpelzes. Jetzt, wo es wärmer wird, wächst ihnen das viel dünnere, graubraune Sommerfell. Jeder Polarfuchs geht nun seine eigenen Wege. Männchen und Weibchen bilden Paare, die manchmal ihr ganzes Leben zusammenbleiben.

Im Sommer wäre der Winterpelz viel zu warm. Deshalb tragen Polarfüchse in der wärmeren Jahreszeit ein leichtes, dunkles Fell.

Wusstest du,

dass Polarfüchse Vorratslager im Schnee anlegen? Dort bleibt das Fleisch ihrer Beutetiere frisch wie in einem Kühlschrank.

Im Sommer graben Polarfüchse Höhlen an Hängen oder Flußufern und bringen ihre Jungen zur Welt. Eine Polarfuchsmutter bekommt zwei bis elf Babys. Die Kleinen sind zwei Wochen lang blind und werden sechs bis acht Wochen von ihrer Mutter gesäugt. Dann müssen die Eltern Beute besorgen. Wenn sie zu ihren hungrigen Jungen zurückkehren, werden sie mit Wimmern begrüßt. Die Kleinen stupsen ihre Schnauzen ans Maul der Eltern. Ich bin hungrig, gib mir zu essen, soll das heißen.

Wenn die Jungen groß genug sind, müssen sie von ihren Eltern lernen, wie man jagt. Sie schleichen sich an, verharren und springen ihre Beute aus der Deckung an. Im Sommer gibt es Nahrung im Überfluß: Lemminge, Mäuse und Zugvögel bevölkern die Tundra. Daher reicht den Polarfüchsen ein viel kleineres Jagdrevier als im Winter. Die Männchen markieren die Reviergrenzen mit Kot und Urin. Jeder fremde Fuchs riecht diese Duftmarken. Er weiß dann, dieser Platz ist schon besetzt. Wer nicht freiwillig abzieht, wird von dem Männchen vertrieben.

Wenn es im Herbst wieder kälter wird, sorgen die Jungfüchse für sich selber.

Zwei Polarfüchse folgen einer Eisbärfährte. Vielleicht hat der Eisbär eine Beute erlegt und etwas Fleisch übrig gelassen.

Känguruhs springen bis zu drei Meter hoch und zehn Meter weit. Mühelos überwinden sie mit einem Satz die Straße oder Weidezäune.

Das Riesenkänguru

Größe:	fast so groß wie ein Erwachsener
Gewicht:	mindestens 50 kg
Nahrung:	Gräser, Kräuter, Laub
Feinde:	Dingo, Fuchs
Jungtiere:	nach der Geburt bleibt das Junge neun Monate im Beutel
Besondere Merkmale:	Wiederkäuer; Bauchtasche; bewegt sich mit riesigen Sprüngen vorwärts

Der Schwanz des Känguruhs ist eine Art fünftes Bein. Beim Springen durch die Luft hält er das Gleichgewicht, beim Schwimmen dient er als Ruder, und beim Kampf stützen sich die Tiere darauf. So können sie auch mit ihren kräftigen Hinterläufen zuschlagen.

Wusstest du,

dass Känguru in der Sprache der Ureinwohner »Ich verstehe nicht« heißt? Das nämlich antworteten die Ureinwohner, als sie von den europäischen Siedlern nach dem Namen des merkwürdigen Tieres gefragt wurden.

Angespannt lauscht die Känguruhmutter. Erst wenn keine Gefahr für ihr Junges im Beutel droht, läßt sie es zum Grasen und Spielen heraus. Nur ab und zu hüpft das Junge herbei, um an der Zitze seiner Mutter ein wenig Milch zu trinken. Erschrickt es, stürzt es jedoch kopfüber zurück in den sicheren Beutel.

Känguruhs können gleichzeitig drei Junge haben: Ein Junges, das gerade dem Beutel entwöhnt ist, aber immer noch an der Zitze trinkt. Ein anderes das vor kurzem geboren wurde und in den Beutel gekrabbelt ist. Und eines, das in der Gebärmutter wartet, bis der Beutel wieder frei wird. Die Känguruhmutter tut deshalb etwas ganz Besonderes: Sie produziert unterschiedliche Milch, denn ein Neugeborenes braucht andere Nährstoffe als sein großes Geschwister.

Die Heimat der Riesenkänguruhs ist das offene Grasland mit vereinzelten Büschen und Bäumen. Dort suchen sie während der heißen Mittagszeit Schatten und ruhen sich vom ständigen Grasen aus.

Es gibt viele Arten von Känguruhs. Hier grasen gerade Rote Riesenkänguruhs. Sie können so groß wie ein erwachsener Mensch werden. Andere Känguruhs, wie das Moschus-Rattenkänguruh, werden nur so groß wie eine Ratte.

Zwei Känguruhs kämpfen um ein Weibchen. Sie umfassen sich mit den Vorderarmen und versuchen den Gegner aus dem Gleichgewicht zu bringen. Dabei teilen sie auch heftige Tritte in den Unterleib aus.

Riesenkraken versuchen ihre Beute mit den saugnapfbewehrten Fangarmen zu packen. Man hat sogar große Wale gefangen, die Wunden von den Saugnäpfen hatten.

Der Riesenkrake

Größe:	2,50 m Spannweite
Gewicht:	Männchen 23 kg; Weibchen 15 kg
Lebensraum:	Pazifik
Feinde:	Hummer, Muränen und andere Raubfische, Robben
Beute:	Fische, Muscheln, Meeresschnecken, Krebstiere
Beutefang:	Saugnäpfe an den acht Armen; papageienartiger Schnabel

Stell dir vor,
der größte Riesenkrake wog 272 Kilogramm und hatte eine Spannweite von 9,60 Meter.

Jetzt ist der Dornhai verloren. Hat der Riesenkrake oder Octopus erst einmal mit den saugnapfbewehrten Fangarmen zugepackt, gibt es kein Entrinnen mehr. Er zerreißt sein Opfer und beißt mit dem papageienartigen Schnabel Stücke heraus. Manchmal tötet er seine Beute auch mit Gift aus seinen Speicheldrüsen.

Riesenkraken gehen in der Dämmerung auf Jagd. Den Tag verbringen sie gut geschützt in einer Höhle. Hierher schleppen sie auch ihre Nahrung und essen sie in Ruhe auf. Taucher erkennen seine Höhle an den Resten der Mahlzeiten, die überall herumliegen: Schalen von Muscheln und Meeresschnecken, Skelette von Krebstieren.

Kraken können ihre Hautfarbe verändern und passen sich so dem Untergrund an. Damit lauern sie nicht nur gut getarnt ihrer Beute auf, sondern schützen sich auch vor Feinden. Werden sie dennoch entdeckt, spritzen sie eine Tintenwolke ins Wasser und versuchen zu entkommen. Sie laufen mit den Fangarmen über den Boden oder sie saugen Wasser in den »Mantel«, so heißt der große Sack hinter ihren Augen, und spritzen es durch eine Röhre wieder aus. Dann schießen sie mit Raketenantrieb rückwärts durchs Wasser.

Ausgewachsene Riesenkraken brauchen keine Feinde zu fürchten. Man hat sogar schon große Wale mit Wunden von Saugnäpfen gefangen.

Bei diesem Octopus kannst du die einzelnen, hellen Saugnäpfe besonders gut erkennen. Damit saugt sich der Octopus an seinem Opfer fest und kann schlüpfrige Beute sicher festhalten.

Manchmal stellt sich die Ringelnatter tot, wenn sie sich bedroht fühlt. Sie legt sich dann mit weit geöffnetem Maul und heraushängender Zunge auf die Seite.

Die Ringelnatter

Lebensraum:	Teiche und langsam fließende Bäche
Größe:	Weibchen werden 1,5 m, Männchen nur 1 m lang
Nahrung:	Frösche, Molche, kleine Fische
Lebenszeit:	bis zu 25 Jahre
Feinde:	Dachs, Igel
Besondere Merkmale:	zwei schwarz umrandete, gelbe halbmondförmige Flecken hinter dem Kopf
Typisches Verhalten:	sonnt sich gerne im Uferbereich

Wusstest du,

dass Ringelnattern die Zunge herausstrecken können, ohne ihr Maul zu öffnen? Das nennt man züngeln.

Schlangen tragen ein Schuppenkleid aus vielen kleinen Hornplättchen. Dieses Schuppenkleid sieht aus wie das Kettenhemd eines Ritters aus dem Mittelalter. Die einzelnen Schlangenarten kann man gut an ihrer Farbe und der Zeichnung auf ihrer Haut erkennen. Wenn Ringelnattern größer werden, wächst ihre Haut nicht mit. Jede Ringelnatter muß sich deshalb mehrmals im Jahr häuten: Sie streift ihre tote Außenhaut ab, weil sie ihr zu eng geworden ist. Diese abgestreifte Haut nennen wir »Natternhemd«. Leere Häute findet man bei Teichspaziergängen häufiger als die Schlange selbst. Wie zufällig verloren liegen sie oft am Teichufer.

Fürchtest du dich vor Schlangen? Keine Sorge, die Ringelnatter ist völlig harmlos und ungefährlich. Sie hat keine Giftzähne wie die Kreuzottern. Sie umschlingt ihre Opfer auch nicht und quetscht sie zu Tode wie viele tropische Schlangen. Wenn du ihr zu nahe kommst, richtet sie höchstens ihren Oberkörper auf und zischt aufgeregt. Manchmal sondert sie auch eine entsetzlich stinkende Flüssigkeit ab. Wer damit in Berührung kommt, riecht tagelang. Er kann sich noch so oft waschen, diesen unangenehmen Geruch wird er einfach nicht los. Aber es passiert selten, daß die Ringelnatter einen Menschen angreift. Meistens flüchtet sie vor ihm in den nächsten Teich.

Die Ringelnatter liebt das Wasser. Sie schwimmt elegant und taucht ausgezeichnet. Meist geht sie in den frühen Morgenstunden auf die Jagd. Molche und Frösche würgt sie lebendig und als Ganzes hinunter. Mit einem großen Frosch ist sie oft eine halbe Stunde und länger beschäftigt. Aber das sättigt sie auch für mehrere Tage. Nach einem erfolgreichen Beutezug sonnt sie sich gerne auf Steinen am Ufer. Dann siehst du auch ihr Erkennungszeichen, zwei gelbe, halbmondförmige Flecken hinter dem Kopf. Im Oktober wird es der Ringelnatter am Teich allmählich zu kalt. Sie sucht sich ein geschütztes Plätzchen unter Baumwurzeln oder Steinhaufen und wird bis zum nächsten Frühling nicht mehr gesehen. Gut sechs Monate dauert ihre Winterstarre. Aber danach nimmt sie wieder ausgiebige Sonnenbäder.

Die Ringelnatter ist sehr scheu. Nur manchmal können wir sie am Ufer beobachten, wenn sie im Gras liegt und sich sonnt. Dann müssen wir uns aber leise und auf Zehenspitzen anschleichen. Sobald sie uns bemerkt, verschwindet sie lautlos im Teich.

Trotz ihrer großen Augen sieht die Ringelnatter nicht gut. Wenn sie hungrig ist, streckt sie ihre lange gegabelte Zunge aus dem Maul. So kann sie Duftspuren lesen und findet so ihre Beutetiere. Man könnte sagen, die Ringelnatter riecht mit der Zunge.

Eigentümliche Laute klingen durch die Abenddämmerung: »Oaaah, Oaaah« und »Ooch, Och Ooch.« Wer diesen Ruf nicht kennt und ihn unerwartet abends im Wald hört, erschrickt sicher ein bisschen.

So laut und dröhnend ruft nur der Rothirsch, der König unserer Wälder. Mit diesen Rufen grenzt er sein Revier ab und warnt seine Rivalen. »Wagt es nur nicht meinem Rudel zu nahe zu kommen«, will er ihnen damit sagen. Kurze Zeit später antwortet ein anderer Hirsch, fast genauso laut und dröhnend. Nach und nach hört man von allen Seiten das gedehnte Röhren der Hirsche. Alle brüllen kraftvoll, drohend und weithin hörbar. Jeder will der Lauteste sein. Jeder versucht den anderen mit seiner Stimme zu übertönen und von Revierüberschreitungen abzuschrecken.

Missachtet ein männlicher Hirsch diese Warnungen und nähert sich einem fremden Rudel, kommt es unweigerlich zu einer Auseinandersetzung. Bei diesen Kämpfen scheuen sich Hirsche nicht ihre mächtigen Geweihe als Waffe einzusetzen. Sie schlagen mit ihren Geweihstangen heftig aufeinander und verletzen sich dabei auch. Manchmal dauert es mehr als eine Stunde, bis der Stärkere feststeht, aber selten wird dabei ein Hirsch getötet.

Der Rothirsch

Lebensraum:	Laub- und Mischwälder mit Waldwiesen
Größe:	Schulterhöhe etwa 130 cm, Gewicht bis zu 200 kg
Nahrung:	Gräser und Kräuter, Eicheln und Bucheckern, Jungtriebe und Knospen
Lebenszeit:	etwa 20 Jahre
Feinde:	früher Wolf und Luchs, heute wildernde Hunde und der Mensch
Besondere Merkmale:	männliche Tiere tragen ein vielendiges Geweih
Typisches Verhalten:	Revierkämpfe im Herbst

Wenn Rothirsche mit lautem Gebrüll und heftigen Kämpfen ihre Reviere abgrenzen und möglichst viele Hirschkühe um sich scharen wollen, dann ist Paarungszeit. Erst mit fünf Jahren sind die männlichen Tiere in der Lage ein Rudel weiblicher Tiere zusammenzuhalten und gegen andere zu verteidigen. Am kräftigsten und erfolgreichsten sind die achtjährigen Hirsche. Sie bewachen oft Rudel von zehn bis zwanzig Weibchen.

Bei ihren heftigen Revierkämpfen können sich Rothirsche ernsthaft verletzen, aber selten enden diese Auseinandersetzungen tödlich.

Ein röhrender Rothirsch. Zur Paarungszeit im Herbst hört man überall in den Wäldern die kraftvollen Drohrufe der Rothirsche.

Außerhalb der Paarungszeit ziehen die männlichen Rothirsche als Einzelgänger durch den Wald. Die Hirschkühe leben zusammen mit den Jungtieren im Rudel. Alle sind große Heimlichtuer. Sie verstecken sich tagsüber im Dickicht großer Wälder. Nur am frühen Morgen und in der Abenddämmerung kommen sie zum Äsen auf die Waldwiesen heraus.

Wusstest du,
dass Rothirsche auch an der Futterstelle eine Rangordnung einhalten? Erst wenn die starken, geweihtragenden Männchen gefressen haben, dürfen sich die geweihlosen Weibchen und die Jungtiere nähern und auch ihren Hunger stillen.

Im Winter kommen Rothirsche gerne an die Futterstellen, und man kann sie ganz aus der Nähe beobachten.

Sicher kannst du dir denken, dass das nicht aus reiner Lebensfreude geschieht. Rotkehlchen verteidigen fast das ganze Jahr über eigene Nahrungsreviere. Auch andere Vögel verteidigen ihren Lebensbereich. Aber keiner tut das so ausdauernd wie das Rotkehlchen.

Die Reviergrenzen geben Rotkehlchen mit ihren Liedern bekannt. Sobald sich ein Rivale in die Nähe wagt, erheben sie ihre Stimme. Dringt trotz aller Warnungen ein Artgenosse in ihr Reich ein, kommt es unweigerlich zu heftigen Kämpfen. Dann setzt es Schnabelhiebe, dass die Federn fliegen. Dieser Eifer wird dich erstaunen, ist aber durchaus sinnvoll. Denn nur, wenn jeder Vogel ein Stück Land verteidigt, findet er auch genügend Futter zum Überleben.

Nur einmal im Jahr bekommt das Lied des Rotkehlchens eine zusätzliche Bedeutung. Das ist im Frühling. »Ich möchte eine Familie gründen und suche eine Frau«, ruft es jetzt in den Wald hinein.

Im Wald wird es langsam hell. Noch ehe die ersten Sonnenstrahlen die Bäume in mattes Licht tauchen, ist das Rotkehlchen aufgewacht. Es schaukelt auf einem Buchenzweig im Wind und flötet in die Dämmerung. Wie Tautropfen perlen seine melodischen Tonreihen in die Stille des Morgens.

Das Rotkehlchen ist ein fleißiger Sänger. Von morgens bis abends trällert es aus voller Kehle. Auch lange nach Sonnenuntergang, wenn alle anderen Musikanten schon schlafen gegangen sind, wird es nicht müde seine Melodien vorzutragen. Und das nicht nur im Frühling und im Sommer. Dieser kleine Vogel singt auch im stürmischen Herbst und sogar im kalten Winter. An Dezemberabenden, wenn leise die Schneeflocken vom Himmel fallen, erklingen seine glockenreinen Lieder genauso wie im April, wenn im Wald die Schlüsselblumen blühen.

Diese jungen Rotkehlchen sind am ganzen Körper braun gefleckt. Sie tragen noch ihr Kinderkleid. Das leuchtend rote Brustgefieder der erwachsenen Vögel bekommen sie erst, wenn sie selbst auf sich aufpassen können.

Das Rotkehlchen

Lebensraum: Wälder und Parks
Größe: etwas kleiner als ein Spatz
Nahrung: Spinnen, Insekten, Beeren
Nest: gut versteckt am Boden
Lebenszeit: bis zu 12 Jahre
Feinde: Füchse, Marder, Katzen, Elstern, Greifvögel
Besondere Merkmale: sucht seine Nahrung auf dem Boden
Typisches Verhalten: nicht sehr scheu

Stell dir vor,
die Menschen früher glaubten, das Rotkehlchen könne mit seinem Gesang Schmerzen lindern und Krankheiten heilen.

Die Kinderstube der Rotkehlchen liegt, für Feinde leicht erreichbar, unten am Boden. Damit die Kleinen trotzdem ohne Angst aufwachsen können, baut das Weibchen sein Nest gut verborgen unter Wurzeln, in Baumlöchern oder hinter dichten Grasbüscheln. So ist es nur schwer zu finden.

Kleine Schimpansen dürfen sich fast alles erlauben. Die Großen verzeihen schnell und schmusen wieder mit ihnen.

Dieses Schimpansenbaby kann sich schon alleine in einer Bananenstaude festhalten.

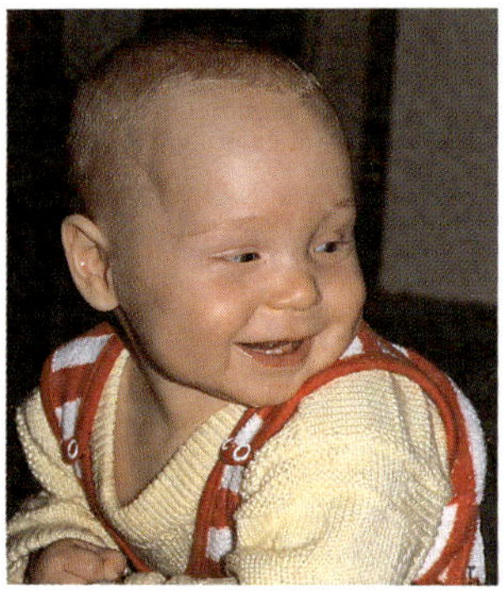

Auch das Menschenbaby ist erst wenige Monate alt. Es kann aber nur krabbeln und den Kopf alleine heben.

»Wie macht der das?« scheint der kleine Schimpanse zu denken. Der größere ist schon recht geschickt. Er hat ein Ästchen abgebrochen und die Blätter abgestreift. Damit stochert er in Termitennestern herum. Die Termiten beißen sich an dem Zweig fest. Dann ziehen die Schimpansen den Zweig heraus und essen die nahrhaften Termiten.

Bei der Geburt ist das Schimpansenbaby völlig hilflos. Es klammert sich ans Fell der Mutter und läßt sich herumtragen. Nach vier bis fünf Monaten kann es laufen und wagt sich schon einmal von der Mutter weg. Nun sind auch die Milchzähnchen gewachsen, und es probiert zum ersten Mal feste Nahrung.

Ein Schimpansenbaby beobachtet seine älteren Geschwister und macht ihnen alles nach. Junge Schimpansen müssen ungeheuer viel lernen: Welche Pflanzen sind eßbar, welche sind giftig? Wie angelt man Termiten, wie baut man ein Schlafnest im Baum, und wie knackt man harte Früchte mit einem Stein?

Immer wieder kommt es zu kleinen Rangeleien. Junge Schimpansen erproben im Spiel ihre Kräfte und legen dabei ihren späteren Platz in der Rangordnung fest. Gegen andere halten die Geschwister zusammen. Besonders spannend wird es, wenn ihre Mutter ein neues Baby bekommt. Dann versuchen die Schimpansenmädchen immer wieder, das Kleine zu berühren. Sie betteln ihre Mutter an und wollen das Baby herumtragen.

Wusstest du,

dass junge Schimpansen Zeichensprache lernen können?
Sie bilden einfache Sätze und unterhalten sich mit Menschen.

Der Schimpanse

Lebensraum:	Wälder in Afrika
Größe und Gewicht:	etwa 30 cm; 1,8-2,2 kg
Geschwister:	alle 5-6 Jahre 1 Baby, selten 2
Geburt:	nach etwa 7 Monaten
Nahrung:	Muttermilch
Feinde:	Leopard
Dauer der Kindheit:	wird 3-4 Jahre gesäugt; mit 7-8 (Männchen) und 6-10 (Weibchen) Jahren erwachsen

So ganz klappt es noch nicht mit der Termitenangel. Junge Schimpansen passen genau auf, was die Großen anstellen. So lernen sie für später und finden ihren Platz in der Gruppe.

Es ist später Vormittag und vom Glockenturm der kleinen Dorfkirche klingt lautes Schnarchen bis herunter auf die Straße. Wer mag da oben so tief schlafen? Diese Frage habe ich mir als Kind oft gestellt.

Dann sah ich eines Abends im Mondlicht zwei geisterhaft weiße Vögel aus der Dachluke des Kirchturmes fliegen. Sie hatten große, pechschwarze Augen und ein maskenhaftes Gesicht. Langsam, wie zwei lautlose Schatten, schwebten sie davon. Nun war mir klar, wer dort oben den Tag verschlief. Auf dem Kirchturm meines Heimatortes wohnten Schleiereulen.

Schleiereulen sind Tiere der Nacht. Während des Tages verkriechen sie sich in alten Scheunen oder auf Kirchtürmen. Erst wenn wir alle schlafen, fliegen sie über Wiesen und Felder und fangen Mäuse. Für die Jagd in der Finsternis

Die Schleiereule

Lebensraum:	Wiesen und Felder neben alten Häusern, Scheunen, Kirchtürmen
Größe:	etwas größer als eine Krähe
Nahrung:	Feldmäuse, Spitzmäuse, manchmal auch Vögel
Nest:	baut kein Nest, legt ihre Eier auf eine Schicht alter Gewölle
Lebenszeit:	bis zu 22 Jahre
Feinde:	keine
Besondere Merkmale:	schnarcht auffällig laut im Versteck
Typisches Verhalten:	nachtaktiv, jagt nur bei völliger Dunkelheit

sind sie bestens ausgerüstet. Schleiereulen besitzen scharfe Augen und sehr feine Ohren. Aber das ist noch nicht alles. Ihr Gefieder ist wunderbar weich und die Kanten ihrer Flugfedern laufen in vielen winzigen Fransen aus. Damit können Schleiereulen völlig geräuschlos fliegen. Mäuse bemerken ihr Herannahen deshalb oft nicht.

Hat ein Schleiereulenpaar Junge zu versorgen, muss es Nacht für Nacht mindestens sechzehn Mäuse fangen, damit alle satt werden können. Bei gutem Wetter findet es diese Menge leicht. Aber wenn es stürmt und regnet? Dann warten die Kleinen zu Hause oft vergeblich auf Futter. Selbst das allerbeste Gehör kann bei diesem Wetter kein Jagdglück garantieren.

Stell dir vor,

Schleiereulen füttern ihre Kinder immer mit geschlossenen Augen. Auch die kleinen Eulen nehmen ihr Futter mit geschlossenen Augen entgegen.

Die Küken der Schleier eulen werden in den ersten drei Wochen ihres Lebens von den Eltern gefüttert. Erst danach fressen sie selbstständig Mäuse, die Vater und Mutter ihnen bringen.

Während der Paarungszeit spüren die Schnabeligelmännchen über weite Strecken Weibchen auf. Wie bei einer Prozession folgen sie dann im Gänsemarsch dem paarungswilligen Weibchen.

Der Schnabeligel

Größe:	so groß wie ein Feldhase
Gewicht:	2 - 7 kg
Nahrung:	Ameisen und Termiten
Feinde:	für Jungtiere Dingos, Warane und Schlangen
Jungtiere:	ein Ei wird etwa 10 Tage gebrütet, das Junge dann ca. 50 Tage gesäugt
Besondere Merkmale:	legt Eier; kann über 50 Jahre alt werden; fällt bei niedrigen Temperaturen in Kältestarre

Der Schnabeligel lebt im Verborgenen. Es ist schon ein großes Glück, wenn man diesen scheuen Einzelgänger zu Gesicht bekommt. Doch die Spuren seiner Tätigkeit sind nicht zu übersehen: In weichem Sand oder Boden hinterläßt seine Schnauze beim Stöbern nach Nahrung kleine dreieckige Furchen. Auch aufgebrochene, halbzerstörte Termitenbauten zeigen, daß hier kurz zuvor ein Schnabeligel seine üppige Mahlzeit gehalten hat. Mit kräftigen Grabkrallen knackt er mühelos die harten Hügel. Und mit der besonders langen, klebrigen Zunge leckt er die Termiten auf.

Der Schnabeligel hat einen Ameisenbau entdeckt. Mit seiner langen, klebrigen Zunge leckt er die wimmelnden Insekten auf. Ganz deutlich kannst du seine kräftigen Grabkrallen sehen.

Zum Schutz gegen Feinde buddelt sich der Schnabeligel blitzschnell in der Erde ein. Dabei gräbt er gleichzeitig mit Vorder- und Hinterbeinen. Nur auf felsigem Boden, wo er sich nicht eingraben kann, rollt sich der Schnabeligel zu einer stacheligen Kugel zusammen.

Wie das Schnabeltier legt der Schnabeligel Eier. Aber er brütet sie in einer Bauchfalte aus. Der Bauch ist normalerweise ganz glatt. Nur bei schwangeren Schnabeligeln bildet sich die Bauchfalte. Sobald das Weibchen die Eier gelegt hat, rutschen sie in diese Falte. Die Eier werden darin wie in einem Beutel ausgebrütet. Das geschlüpfte Junge trinkt wie das Schnabeltier Milch von den Milchfeldern der Mutter.

Wusstest du,

dass ein Schnabeligel auf der Suche nach Termiten einen Stein wegrollen kann, der doppelt so groß ist wie er selbst?

Dieser elegante Schwimmer und Taucher ist hervorragend an seinen Lebensbereich im Wasser und an Land angepaßt: Die breite Schwimmhaut am Vorderfuß reicht weit über die Krallen hinaus und ist eine gute Schwimmhilfe. An Land klappt das Schnabeltier den überstehenden Teil einfach um. Dann können die Krallen kräftig graben.

Das Schnabeltier

Größe:	so groß wie ein Zwergdackel
Gewicht:	700 - 2000 g
Nahrung:	Wasserschnecken, Würmer, Krebse, Wasserinsekten und deren Larven
Feinde:	keine
Jungtiere:	meist zwei Eier werden 8 bis 12 Tage gebrütet, dann 3 bis 4 Monate gesäugt
Besondere Merkmale:	legt Eier; Männchen besitzen einen Giftsporn

Wusstest du,

dass die Schnabeltiere unter Wasser mit geschlossenen Augen jagen? Sie spüren ihre Beute mit ihrem empfindlichen Schnabel auf.

Das Weibchen gräbt einen verzweigten Brutbau und polstert ihn mit Gras und Blättern aus. Das Nistmaterial klemmt es zwischen Bauch und Schwanz ein. So kann es auch große Grasbüschel tragen. Dann verschließt es den Eingang, damit es die Jungen später schön warm haben.

Sogar in eiskaltem Wasser schwimmt das Schnabeltier bis zu fünf Stunden lang, ohne daß sein Körper auskühlt. Seine Körpertemperatur bleibt immer bei ca. 32° Grad. Das schafft nicht einmal ein Eisbär.

Langsam wird es dunkel. Lautlos gleitet das Schnabeltier die Uferböschung hinunter. Im Dämmerlicht jagt es nach kleinen Wassertieren wie Süßwasser-Krabben, Würmern, Schnecken und Muscheln.

Das Schnabeltier ähnelt einem Fabelwesen. Es hat ein wunderschönes weiches Fell, einen breiten Schwanz wie ein Biber, und sein Schnabel gleicht dem einer Ente. Zwischen seinen Zehen befinden sich feste Schwimmhäute.

Schnabeltiere leben in Flüssen und Seen Ostaustraliens und Tasmaniens. Sie mögen die kalten Gewässer des Südens, fühlen sich aber auch in feuchtwarmen Gebieten des Nordens wohl. Jedoch sieht man sie selten, denn sie sind sehr scheu und kommen erst in der Dämmerung aus ihren weitverzweigten Erdhöhlen.

Das Schnabeltier ist ein ganz besonderes Tier: Es legt Eier wie die Vögel, säugt seine Jungen aber wie die Säugetiere. Nachdem das Weibchen zwei Eier gelegt hat, schlägt es seinen Schwanz schützend um das Gelege. Etwa acht bis zwölf Tage wärmt es die Eier, dann schlüpfen die Jungen aus. Sie picken mit einem eigens gewachsenen Eizahn die Schale auf. Die winzigen, nackten Schnabeltierbabys hält die Mutter mit dem Schwanz am Bauch fest und wärmt sie. Schnabeltiere haben Milchfelder und keine Zitzen. Die Milch fließt aus winzigen Poren und wird von den Jungen abgeleckt.

Die Scholle

Größe:	25 bis 40 cm lang
Nahrung:	Würmer, kleine Krebse, junge Muscheln
Lebenszeit:	kann bis zu 50 Jahre alt werden
Feinde:	Seehund
Besondere Merkmale:	Unterseite weiß, Oberseite grau mit orangeroten Flecken
Typisches Verhalten:	gräbt sich flach im Meeresboden ein, nur Augen und Maul schauen heraus

Draußen in der offenen Nordsee, weit entfernt vom Wattenmeer, liegen die Laichplätze der Schollen. Jahr für Jahr treffen sich dort im Winter viele Tausende dieser Plattfische zur Eiablage. Ein einziges Weibchen entlässt in dieser Zeit je nach Größe zwischen 50 000 und 500 000 Eier ins Meer, eine unvorstellbar große Menge.

Jedes Ei sieht aus wie eine glasklare kleine Kugel und ist etwa so groß wie ein Stecknadelkopf. Zwei bis drei Wochen schwebt dieser durchsichtige Ball im Wasser und lässt sich von der Strömung treiben. Wind und Wellen tragen ihn ins Wattenmeer. Während dieser Reise schlüpft aus jedem Ei eine kleine Fischlarve. Anfangs ist sie noch viel zu schwach, um sich ihr Futter im Meer selbst zu suchen. Die kleine Larve lebt in den ersten Tagen von ihrem Dottervorrat. Ist dieser Vorrat aufgebraucht, beginnt sie selbst winzige Beutetiere zu erjagen. Im Wasser des Wattenmeeres wächst sie schnell heran. Nach einem Monat ist sie bereits 15 Millimeter groß, hat aber noch keinerlei Ähnlichkeit mit ihren Eltern. Junge Schollen sehen aus wie »normale« Fische, ihre rechte und ihre linke Körperseite haben dieselbe Farbe und denselben Bau.

Erst im Verlauf der nächsten Wochen verändert sich das Aussehen der jungen Fische: Ihr Körper plattet sich ab, der Mund wird schief und ihr linkes Auge wandert langsam über die Stirn auf die rechte Körperseite. Bald darauf schwimmt der kleine Fisch mit der linken Seite nach unten durchs Wasser. Dann verändert er auch die Färbung seines Körpers: Die untere Seite wird hell, die obere Seite färbt sich graubraun und bekommt die für Schollen typischen roten Flecken. Erst

jetzt, am Ende der Entwicklung zum Plattfisch, sucht die junge Scholle ihren eigentlichen Lebensraum auf: den Meeresgrund. Und in zwei bis drei Jahren, wenn sie erwachsen ist, zieht es sie wieder hinaus ins offene Meer.

Wusstest du,

dass Schollen erst im Alter von zwei Monaten die typische Gestalt der Plattfische annehmen?

Auch der Steinbutt ist ein bekannter Plattfisch in Nord- und Ostsee.

Schollen sind durch die vielen orangeroten Flecken auf ihrer Oberseite unverwechselbar. Ihre Körperfarbe dagegen ist kein sehr sicheres Erkennungszeichen, denn die Scholle ist eine Meisterin der Tarnung: Sie kann die Hautfärbung ihrer Körperoberseite verändern und an den jeweiligen Untergrund anpassen.

Schwertwale auf der Jagd. Ein großer, schwarz-weißer Körper schießt aus dem Wasser und fällt klatschend zurück. Hoch spritzt das Wasser auf. Ein zweiter Wal schleudert eine Robbe hoch in die Luft. Er spielt mit ihr »Katz und Maus«. Schwertwale gehen gemeinsam auf Jagd, am liebsten in Küstennähe, wo sie reiche Beute finden. Robben werden eingekreist und durch einen Biß der messerscharfen Zähne getötet. Fische werden so nahe ans Ufer getrieben, bis sie nicht mehr entkommen können.

Schwertwale machen sogar Jagd auf die viel größeren Blauwale. Gemeinsam greifen sie an und reißen den Blauwal in Stücke. Früher hielt man Schwertwale für grausame Mörder und nannte sie deshalb Mörderwale. Aber wie jedes Raubtier braucht auch der Schwertwal Fleisch für sich und seine Jungen.

Schwertwale leben gesellig. Vor allem die Weibchen bleiben oft ihr ganzes Leben lang in einer Großfamilie aus fünf bis 20 Tieren. Manchmal leben dann bis zu vier Generationen zusammen, von der Urgroßmutter bis zu den Jungtieren. Wird die Gruppe irgendwann zu groß, verlassen die ausgewachsenen Männchen ihre Familie und schließen sich einer anderen, kleineren Gruppe an.

Die Familienmitglieder verständigen sich untereinander durch pfeifende und schreiende Laute. Forscher haben herausgefunden, daß sich jede Familie mit einem eigenen Dialekt verständigt und sich daran erkennt.

Schwertwalmännchen haben eine lange, spitze Rückenflosse, die lebenslang weiterwächst. Sie wird bis zu zwei Meter hoch. Die Flossen der Weibchen sind kleiner und wie eine Sichel leicht nach hinten gekrümmt. An den Flossen und den hellen Sattelflecken auf dem Rücken erkennen die Walforscher jedes einzelne Tier ganz genau wieder. Schwertwale leben nicht nur in der Arktis, sondern in allen

Der Schwertwal

Größe:	Männchen 8 m; Weibchen 6,50 m
Gewicht:	Männchen bis 6500 kg, Weibchen bis 4500 kg
Nahrung:	Fische, Tintenfische, Robben, kleinere Wale
Feinde:	keine
Besondere Merkmale:	kann bis 50 Stundenkilometer schnell schwimmen; hat 44, nach hinten gekrümmte Zähne; die Weibchen werden 80 Jahre alt

Ein Schwertwal hat eine Robbe gefangen und wirft sie hoch in die Luft. Am Ufer drängen sich die anderen Robben ängstlich zusammen.

Weltmeeren. Manche verbringen ihr ganzes Leben an einem Ort, andere wandern durch die Ozeane. Sie können 300 Meter tief tauchen und dabei mehrere Minuten lang unter Wasser bleiben. Die Schwertwale der Arktis warten jedes Jahr vor der Küste auf die Lachse, die zum Laichen in die Flüsse schwimmen. Vor der Küste Südamerikas machen Schwertwale sogar Jagd auf neugeborene Robben.

Wusstest du,

dass Schwertwale sich mit Schallwellen orientieren und ihre Beute aufspüren?

Alle Wale gehören zu den Säugetieren. Es gibt darunter Raubtiere wie den Schwertwal, aber auch friedliche Planktonfresser wie den Grauwal.

Das Wasser verlässt das Wattenmeer für ein paar Stunden, es wird Ebbe. Eine Gruppe von Seehunden genießt auf einer Sandbank die Sonne. Stundenlang liegen die Tiere flach ausgestreckt, ohne sich zu bewegen. Nur ab und zu brummt ein alter Bulle, dreht sich auf die Seite und kratzt sich mit seinen Flossenfüßen. Ein anderer gähnt herzhaft. Alle wirken ganz entspannt. Sie sehen aus, als könnte sie nichts aus der Ruhe bringen. Doch der Schein trügt. Seehunde sind immer wachsam und sehr vorsichtig. Niemand schafft es sich ihnen unbemerkt zu nähern. Auch jetzt beobachten sie ihre Umgebung genau. Denn plötzlich kommt Leben in die Gruppe. Ein Boot nähert sich der

Der Seehund

Größe:	etwa 2 Meter lang und bis zu 150 Kilogramm schwer
Nahrung:	Meeresfische
Lebenszeit:	bis zu 30 Jahren
Feinde:	hat in der Nordsee kaum natürliche Feinde
Besondere Merkmale:	Vorder- und Hinterbeine sind zu Schwimmflossen umgebildet
Typisches Verhalten:	ruht bei Ebbe auf Sandbänken im Wattenmeer

An Land bewegen sich Seehunde sehr ungeschickt, im Wasser sind sie trotz ihrer plumpen Körper elegante Schwimmer. Eiskaltes Wasser macht ihnen nichts aus. Eine dicke Speckschicht unter ihrer Haut schützt sie vor der Kälte.

Wusstest du,

dass ein erwachsener Seehund an einem einzigen Tag etwa fünf Kilogramm Fische braucht, um satt zu werden?

Sandbank. Erst hebt eines der Tiere den Kopf. Dann werden auch die anderen aufmerksam. Sekunden später robben alle eilig zum Wasser, tauchen weg und sind verschwunden. Die Sandbank ist leer.

Seehunde verbringen den größten Teil des Jahres weit draußen in der offenen Nordsee. Das Wasser ist ihr Element. Sie schwimmen schnell und wendig. Bei ihrer Jagd nach Fischen flitzen sie durch die See, bis zu 35 Kilometer in der Stunde schnell. Und sie können bis zu 20 Minuten lang tauchen. Einem hungrigen Seehund entgeht kaum ein Fisch.

Im Sommer sind Seehunde auf Sandbänke und ungestörte Strände angewiesen. Dort ist die Seehundkinderstube. Seehundbabys kommen im Juni auf einer Sandbank zur Welt. Etwa vier bis fünf Wochen werden sie von ihrer Mutter umsorgt und saugen deren Milch. In dieser Zeit verdreifacht sich ihr Geburtsgewicht. Seehundbabys wachsen schnell. In den ersten vier Wochen nach der Geburt nehmen sie jeden Tag ein Kilogramm zu. Die Milch ihrer Mutter enthält aber auch viel Fett und ist sehr nahrhaft, viel nahrhafter als Kuhmilch. Am Ende ihrer Säugezeit sind junge Seehunde dick und rund, und ihr Fell glänzt in der Sonne. Das ist wichtig. Denn nun müssen sie allein zurechtkommen. Sie können zwar von Geburt an schwimmen, aber wie man einen Fisch fängt, wissen sie noch nicht so richtig. Das lernen sie erst nach und nach. Da ist es gut, wenn sie eine Zeitlang von ihrem Babyspeck zehren können.

Aufmerksam und fürsorglich bewacht diese Seehundmutter ihr Kleines. Niemand darf ihm zu nahe kommen. Seehundweibchen bringen jeden Sommer nur ein Junges zur Welt, Zwillinge werden selten geboren.

Ein Schwarm graubrauner Vögel fegt zeternd und schimpfend durch den Garten, rauscht in die Rosenhecke und ist verschwunden. Nur ein aufgeregtes »Tetetetet« ist noch zu hören. Dann verstummt auch das. Wenig später kommen die Vögel, einer nach dem anderen, wieder zum Vorschein. Sie hüpfen über den Rasen und picken Körner auf, verspeisen in aller Ruhe Blattläuse oder schnappen Käfer aus Spinnennetzen. Für kurze Zeit herrscht Frieden im Spatzenreich. Dann kommt der nächste Alarm, das nächste »Tetetetet« und im Nu sind alle wieder weg.

Die hektische Flucht von Spatzen hat jeder von uns schon beobachtet. Diese vorwitzigen Vögel sind überall zu Hause. Spatzen finden immer einen Platz für ihr Nest. Selbst in der kleinsten Nische brüten sie. Spatzen werden auch immer satt, weil sie fast alles mögen und sofort zur Stelle sind, wenn es in ihrer Nähe etwas zu holen gibt. Schon früh am Morgen trifft sich der ganze Schwarm vor der Bäckerei. Da lassen sie sich die vielen Brotkrümel schmecken. Später verspeisen sie auf dem Schulhof die Reste der Pausenbrote. Am Nachmittag sehen wir sie vielleicht alle in der Reithalle wieder. Dort picken sie dann Haferkörner aus den Futtersäcken der Pferde. Die fressen sie am liebsten.

Der Spatz

Lebensraum: Dörfer und Städte
Größe: 15 cm
Nahrung: Allesfresser, Küken werden nur mit Insekten und deren Larven gefüttert
Nest: in Mauerspalten, unter Dächern, hinter Regenrinnen
Lebenszeit: bis zu 13 Jahre
Feinde: Katzen, Greifvögel
Besondere Merkmale: gesellig und lärmend
Typisches Verhalten: nimmt gerne Staubbäder

Spatzen führen ein vorbildliches Familienleben. Beide Spatzeneltern wechseln sich mit dem Brüten ab. Sind die Jungen geschlüpft, dann sorgt besonders der Vater für genügend Nahrung, während die Mutter die Küken wärmt.

Zu einer richtigen Spatzenfamilie gehören aber nicht nur Eltern und Kinder, sondern auch Großeltern, Onkel, Tanten, Nichten und Neffen. Alle halten zusammen wie Pech und Schwefel. Sie warnen sich gegenseitig vor Gefahren, sie versorgen gemeinsam die Jungvögel, sie pfeifen sich die neuesten Nachrichten über lohnende Futterquellen zu. Und sie feiern gemeinsam Badetag, sobald ein Familienmitglied eine große Staubkuhle entdeckt hat.

Stell dir vor,

Hausspatzen sind sehr ortstreu. Sie entfernen sich während ihres ganzen Lebens nie mehr als drei Kilometer vom Ort ihrer Geburt. Spatzenfamilien auf Bahnhöfen zum Beispiel fliegen nie in die Umgebung hinaus.

Spatzenkinder verlassen ihr warmes Nest noch ehe sie selbstständig für sich sorgen können. Deshalb müssen sie nach dem Ausfliegen noch eine Zeitlang gefüttert werden.

Spatzen nehmen gerne ein Staubbad in weichem trockenen Sand. Das entfernt Milben und andere lästige Insekten aus dem Gefieder. Feiner Staub ist der Feind aller Insekten. Er verstopft ihnen die Atemöffnungen.

Feldsperlinge und Haussperlinge kannst du leicht auseinander halten: Der Feldsperling trägt eine ackerbraune Mütze auf dem Kopf, der Haussperling nur eine graue Hauskappe.

Unbeweglich steht der muskelbepackte, dunkelgraue Koloß in der Savanne. Spitzmaulnashörner sind friedliche Gesellen, die keinen Feind fürchten. Trotzdem bleibt die Nashornmutter wachsam. Sie ist kurzsichtig, hat aber scharfe Ohren und kann besonders gut riechen. Wehe, wenn sich Löwen oder Hyänen in die Nähe ihres Jungen wagen! Dann setzt sich der Koloß in Bewegung und donnert mit einer Geschwindigkeit von 50 Stundenkilometer auf die Angreifer los. Meistens reicht schon das Drohen mit gesenktem Kopf aus. Alle Raubtiere fürchten die ungeheure Kraft und das gefährliche, spitze Horn. Nicht einmal Löwenkrallen dringen durch die dicke Haut eines ausgewachsenen Nashorns.

Spitzmaulnashörner weiden als Einzelgänger große Reviere ab. Mit ihrer beweglichen Oberlippe rupfen sie nahrhafte Kräuter zwischen den Grasbüscheln aus oder streifen geschickt Blätter von Sträuchern ab. Immer wieder spritzen sie Urin als Duftmarke auf den Boden. Sie trampeln auch durch ihre eigenen Kothaufen und verteilen den Duft über ihr ganzes Revier. Einmal am Tag wandern die Spitzmaulnashörner zur Wasserstelle. Dabei benutzen sie immer wieder dieselben Wege. Richtige Straßen haben sie in die Savanne getrampelt. Nur am Wasser treffen sie mit anderen Nashörnern zusammen. Alle kennen sich, Streit gibt es keinen.

Das Spitzmaulnashorn

Größe:	3,20 m lang; Schulterhöhe 1,55 m
Gewicht:	1,5 Tonnen
Nahrung:	Zweige und Kräuter
Feinde:	keine; Löwen jagen kleine Nashörner
Besondere Merkmale:	2 Hörner, sie bestehen aus demselben Material wie Haare; stark kurzsichtig, kann aber gut hören und riechen

Zur Paarungzeit sucht sich jeder Nashornbulle eine Kuh. Die Bullen müssen lange um eine Kuh werben, ehe diese zur Paarung bereit ist. Danach trennen sich die beiden wieder. Nach 15 Monaten bringt die Nashornkuh ein einziges Kalb zur Welt. Die Mutter zieht sich zur Geburt in dichtes Gestrüpp zurück. Schon nach 10 Minuten kann das Nashornkalb laufen. Bald trinkt es seine erste Milch. Ein paar Wochen lang bleibt es mit seiner Mutter im Versteck, dann wagen sich die beiden in die offene Savanne. Etwa zwei Jahre lang bleiben sie dauernd zusammen. Erst wenn die Nashornmutter ein neues Baby bekommt, muß das Junge für sich alleine sorgen.

Meistens sind Nashörner lieber allein. Treffen sie mit anderen zusammen, geht bald jedes wieder seinen eigenen Weg.

Früher haben die Menschen viele Spitzmaulnashörner getötet, denn gegen eine Gewehrkugel kann sich auch das stärkste Nashorn nicht wehren. Aus dem Horn schnitzte man Messergriffe oder zermahlte es zu einer Zaubermedizin. Spitzmaulnashörner sind heute sehr selten und werden streng geschützt.

Ein Nashorn muß fast den ganzen Tag fressen, bis es endlich satt ist.

Wusstest du,

dass das vordere Horn länger als 1 m werden kann? Der Rekord liegt bei 1,38 m.

Ruhig steht die Nashornkuh mit ihrem Jungen im Gras. Die Kuhreiher stören sie überhaupt nicht.

Das Stichlingsmännchen baut ein Nest. Zuerst hebt es mit dem Mund am Teichboden eine kleine Grube aus.

Danach füllt es diese Grube mit Algenfäden und schichtet darüber einen losen Haufen aus Stengeln und Wurzeln von Wasserpflanzen.

Jedes Jahr im Frühling verändern sich männliche Stichlinge auf wundersame Weise. Sie legen ihr graues Alltagskleid ab und färben sich bunt. Für einige Wochen schwimmen sie mit rotem Bauch, azurblauem Rücken und wunderschönen blauen Augen durch den Teich. So herausgeputzt suchen sie hinter Steinen und Wasserpflanzen nach einem geeigneten Platz, an dem sie ihre Kinder großziehen können.

Die meisten Fische machen sich die Fortpflanzung leicht. Sie legen ihre Eier ab und kümmern sich nicht mehr um sie. Alles weitere überlassen sie einfach der Natur. Es gibt aber auch fürsorgliche Fischeltern. Sie bewachen ihren Laich und beschützen die frisch geschlüpften Jungfische, bis die Kleinen selbst auf sich aufpassen können.

Stichlingsmännchen nehmen ihre Vaterpflichten ernst. Mit großer Sorgfalt bauen sie ein walnussähnliches Nest, in dem sich die Jungen gefahrlos entwickeln können. Zuerst schaufeln sie am Teichgrund eine kleine Mulde frei. Dann sammeln sie Büschel von Wasserpflanzen und schichten sie lose übereinander. So ein lockerer Haufen ist natürlich noch kein sicherer Aufenthaltsort für hundert und mehr kleine Fische. Das wissen die Stichlingsmännchen ganz genau. Aber was können sie tun? Die gesammelten Blätter und Wurzeln miteinander verflechten wie Vögel es machen? Das schaffen sie nicht. Die Stichlinge wissen sich zu helfen: sie verkleben die einzelnen Pflanzenteile mit einem besonderen Schleim aus ihren Nieren und bekommen so ein stabiles Nest. Zum Schluss bohren die fleißigen Baumeister mit der Schnauze noch eine Türe in ihr Werk. Dann gehen sie auf Partnersuche.

Haben sie ein Weibchen gefunden, führen sie es mit merkwürdigen Zickzacktänzen zum Nest. Lange darf es dort aber nicht bleiben. Sobald es seine Eier abgelegt hat, wird es wieder verjagt. Stichlingsweibchen sind eine Gefahr für das Gelege. Sie würden, ohne zu zögern auch die eigenen Kinder fressen, wenn sie hungrig sind.

Der Stichling

Lebensraum:	pflanzenreiche Teiche
Größe:	etwa 8 cm
Wohnung:	Nest aus Wasserpflanzen
Nahrung:	Würmer, Insektenlarven, Fischlaich, Wasserflöhe
Feinde:	Barsch, Hecht, Aal, Rückenschwimmer, Larven von Libellen und Gelbrandkäfern
Lebenszeit:	3 bis 4 Jahre
Lebensweise:	im Sommer Einzelgänger, in der übrigen Zeit leben Männchen und Weibchen im Schwarm

Stell dir vor,

Stichlingsmännchen verjagen ihre Rivalen durch »Gähnen«. Sie schwimmen auf jeden anderen Fisch, der sich ihrem Nest nähert, mit weit geöffnetem Mund zu.

Bevor ein Stichlingsweibchen zur Eiablage in das Nest eines Männchens schwimmt, begutachtet es das Bauwerk von allen Seiten.

Damit die einzelnen Pflanzenteile nicht von der Strömung fortgetragen werden, verleimt sie das Stichlingsmännchen mit einem klebrigen Stoff aus seinen Nieren.

Wenn das Nest dann bezugsfertig ist, holt es ein Weibchen, das seine Eier darin ablegen soll.

Stockenten sind im Wasser in ihrem Element. Der Teich ist ihr Zuhause. Ihr Körper ist ganz auf das Leben im Wasser eingerichtet: die Beine mit den Ruderfüßen sitzen weit hinten, zwischen den Zehen haben sie Schwimmhäute. Das sieht man schön bei diesem Erpel, dem Stockentenmännchen.

Der kleine Teich hinter den hohen Weiden wirkt im fahlen Novemberlicht wie ausgestorben. Kein Laut ist zu hören. Doch plötzlich kommt Leben in die Stille. Mit einem heiseren »räb, räb« fliegt ein Stockentenpaar vom Wäldchen herüber. Voran der Erpel mit seinem leuchtenden flaschengrünen Kopf, dem weißen Halsring und seiner kastanienbraungefärbten Brust. Er fällt besonders auf. Dicht hinter ihm folgt sein Weibchen, die Ente. Sie sieht wesentlich schlichter aus, ist unscheinbar bräunlich gefleckt. Diese Färbung tarnt sie beim Brüten im dichten Schilf. Ihr Kennzeichen ist ein blauschillernder Fleck im Flügel. Selbst jetzt, im Nebel, ist er deutlich zu sehen.

Die beiden suchen einen Teich zum Gründeln. Sie haben Hunger. Das Wasser rauscht unter ihren Füßen, sie sind gelandet. Schon stecken sie den Kopf tief in das Wasser, als wollten sie einen Kopfstand machen. Ihr Hinterteil zeigt senkrecht in die Höhe.

Die Stockente, links ein Weibchen, rechts ein Männchen, ist die häufigste und größte Schwimmente auf unseren Teichen.

Die Stockente

Lebensraum:	Teiche mit einem breiten Schilfgürtel
Größe:	etwa 60 cm
Nahrung:	Wasser- und Sumpfpflanzen, Gräser, Würmer, kleine Schnecken
Lebenszeit:	etwa 20 Jahre
Feinde:	Fuchs, Rohrweihe, Krähen als Eiräuber
Besondere Merkmale:	brütet auch auf Bäumen, in Baumhöhlen und Astlöchern
Typisches Verhalten:	fliegt mit weit vorgestrecktem Hals und raschen Flügelschlägen

So suchen Enten unten im schlammigen Grund des Teiches nach Würmern und kleinen Schnecken. Wenige Sekunden später heben sie den Kopf und lassen das Wasser aus ihrem Schnabel laufen. Dann machen sie eine kurze Schluckbewegung und tauchen ihren Kopf wieder ein. Was geschieht hier?

Stockenten haben einen breiten, flachen Schnabel mit vielen Rillen an den Rändern. Wenn sie gründeln, nehmen sie neben kleinen Tieren und Pflanzen auch eine Menge Wasser auf. Aber was soll eine Ente mit soviel Wasser? Wenn sie durstig ist, genügen ihr ein paar Tropfen. Folglich läßt sie das Wasser aus ihrem Schnabel herauslaufen, die kleinen Schnecken und Würmer werden durch die Rillen wie in einem Sieb zurückgehalten und können verschluckt werden.

Stockenten pflegen ihr Gefieder sorgfältig. Sie reinigen Feder für Feder mit dem Schnabel und fetten sie anschließend mit dem Fett der Bürzeldrüse ein. Nur mit einem wasserdichten, wärmenden Federkleid ist Schwimmen im kalten Wasser möglich.

Ein Stockentenpärchen gründelt. Sie suchen am Teichboden nach Nahrung. Dabei stecken sie ihren Kopf tief in das Wasser, ihr Hinterteil zeigt senkrecht in die Höhe. Wie in dem bekannten Kinderlied: »Köpfchen unters Wasser, Schwänzchen in die Höh«.

Wußtest du,

daß Stockenten in normalen Wintern zwei Wochen ohne Nahrung überleben können?

Wusstest du,

dass Stockenten in normalen Wintern zwei Wochen ohne Nahrung überleben können?

In einem Straußennest liegen meist mehr Eier als ein einzelner Vogel ausbrüten kann.

Deshalb schlüpfen oft nur aus den Eiern in der Mitte des Nestes Straußenküken.

Die beiden Strauße setzen sich in Bewegung und traben davon. Aufmerksam suchen Zebras die Umgebung ab. Vielleicht sind Löwen in der Nähe? Strauße können sehr gut sehen und hören, sie lassen sich fast nie überraschen. Das macht sie zu zuverlässigen Wächtern für die anderen Tiere.

Strauße halten viele Rekorde: Sie sind die größten und schwersten Vögel der Welt und legen die schwersten Eier. Außerdem können sie von allen Zweibeinern am schnellsten rennen. Strauße durchstreifen die Savanne in kleinen Gruppen. Sie essen Gräser, Grassamen, Blätter und ab und zu auch Heuschrecken oder Eidechsen. Sogar kleine Steine gehören zur Nahrung. Die helfen dem Strauß, die harten Gräser im Magen zu zermahlen.

Zur Paarungszeit sucht der Hahn eine Haupthenne aus. Sie weiden dann zusammen, und immer wieder flattert der Hahn mit den Flügeln. Schließlich wirft er sich auf den Boden und scharrt mit den Flügeln den Sand auf. »Hier soll unser Nest sein«, heißt das. Nach der Paarung legt die Henne 10-12 Eier in die Nestmulde. Dann paart sich der Hahn mit den Nebenhennen. Auch sie legen ihre Eier in das Nest. Nur der Hahn und die Haupthenne brüten die Eier aus.

Nach 40 Tagen schlüpfen daraus die hühnergroßen Küken. Mühelos knacken sie die harte Schale auf und sind frei. Menschen brauchen dafür einen Hammer.

Die kleinen Strauße aus den einzelnen Nestern versammeln sich in Kindergärten. Sie werden von erwachsenen Straußen gut bewacht. Trotzdem erbeuten Hyänen und Schakale viele der Küken.

Der Strauß

Größe:	Hahn 2,10-2,75 m, Henne 1,75-2,10 m
Gewicht:	Hahn bis 150 kg, Henne bis 100 kg
Nahrung:	Gräser, Blätter, kleine Tiere
Feinde:	Löwen, Leoparden, Hyänen und Schakale
Besondere Merkmale:	kann nicht fliegen; weil er beim Grasen den Kopf tief nach unten beugt, glaubte man, er stecke den Kopf in den Sand

Wusstest du,

dass Strauße sehr trockene Luft ausatmen? Deshalb verlieren sie beim Atmen nur wenig Wasser.

Wie groß ein Straußenei ist, seht ihr hier. Daneben liegt ein normales Hühnerei.

Langsam traben die beiden Strauße los. Bei Gefahr können sie aber 70 Stundenkilometer schnell rennen.

Noch sind die jungen Strauße viel kleiner als ihre Eltern. Aber sie wachsen jeden Tag um einen Zentimeter.

Ein warmer Spätnachmittag im Frühsommer. Du schlenderst durch den Garten und plötzlich bleibst du verdutzt stehen. Hast du richtig gesehen? Vor den Geranienblüten steht ein winziges Vögelchen im Schwirrflug in der Luft. Deutlich kannst du sein schwarzweißes Schwänzchen erkennen. Jetzt legt es den Rückwärtsgang ein und zieht dabei sein langes, dünnes Schnäbelchen aus einer Blüte. So wie der Einfüllstutzen an der Tankstelle in den Benzintank gesteckt wird, versenkt es seinen Schnabel in den nächsten Blütenkelch. Du flitzt ins Haus und berichtest stolz von »einem Kolibri in unserem Garten«. Leider hast du dich geirrt, aber so geht es vielen Menschen, die zum ersten Mal ein Taubenschwänzchen beobachten. Im Flug und beim Nektarsaugen ähneln diese Schwärmer verblüffend den amerikanischen Kolibris.

Das Taubenschwänzchen

Größe:	2–2,5 cm lange Vorderflügel
Nahrung:	Raupen fressen Labkräuter; Schmetterlinge saugen Nektar
Fortpflanzung:	nach der Paarung Eiablage an Futterpflanzen; Entwicklung von der Raupe über die Puppe zum Schmetterling
Feinde:	Vögel
Besondere Merkmale:	Vorderflügel bräunlich; Hinterflügel tief orange bis gelb; lange schwarzweiße Schuppen am Hinterleib
Typisches Verhalten:	steht im Schwirrflug vor Blüten und saugt mit seinem langen Rüssel Nektar

Wie ein Kolibri steht das Taubenschwänzchen im Schwirrflug vor der Geranienblüte und saugt Nektar. Deutlich sieht man die schwarzweißen Haarbüschel an seiner Körperseite. Über den Augen sitzen Fühler, die als Antennen dienen.

Wusstest du,

dass die Taubenschwänzchen zu den schnellsten Fliegern unter den Schmetterlingen gehören?

Aber das Taubenschwänzchen ist mit keiner der 338 Arten der Kolibri-Familie verwandt. Es gehört innerhalb der Schmetterlinge zur Familie der Schwärmer, von denen es weltweit 800 Arten gibt. Die meisten von ihnen leben in den Tropen. In Europa kommen 21 Arten vor, überwiegend in den wärmeren Gebieten Südeuropas. Schwärmer sind die Flugartisten unter den Schmetterlingen. Ihr Flugstil ist nicht gaukelnd wie bei den Tagfaltern, sondern rasant schwirrend. Die kräftig gebauten Taubenschwänzchen mit ihren langen, schmalen Vorderflügeln können nicht nur sehr schnell, sondern auch sehr ausdauernd fliegen. Selbst die Überwindung von Hochgebirgspässen ist für sie kein Problem. Aus ihrer Heimat in Südeuropa fliegen Taubenschwänzchen in warmen Sommern über die Alpen zu uns ein. Sonnige, geschützte Flächen sind ihre bevorzugten Flugplätze. Im Gegensatz zu anderen Schwärmern fliegen Taubenschwänzchen tagsüber, sogar in den heißen Mittagsstunden, auf Nektarsuche. Ihr körperlanger Rüssel ist ein idealer Trinkhalm für enge und tiefe Blütenbecher.

In der freien Natur suchen sie in Flockenblumen, Seifenkraut und Natternkopf ihren Nektar. Im Garten kannst du sie auch nachmittags und abends an Geranien, Petunien und Phlox beobachten. Taubenschwänzchen bringen Exotik in unsere Gärten. Wenn die Luft flimmert und das Taubenschwänzchen vor der Geranie im Schwirrflug steht, darfst du ruhig an das tropische Südamerika und an buntschillernde Kolibris denken!

Dies ist ein südamerikanischer Kolibri. Genauso wie unsere Taubenschwänzchen steht er beim Nektarsaugen im Schwirrflug vor der Blüte. Als Vögel haben Kolibris natürlich keinen Rüssel, sondern stecken ihren Schnabel tief in die Blüten und trinken den Nektar.

Ein Taubenschwänzchen saugt mit seinem Rüssel Nektar an einer Bartnelkenblüte.

Die schwanzähnlichen Schuppen am Hinterleib benutzt es zum Steuern im Schwirrflug.

Die Raupe des Taubenschwänzchens ist grün und unbehaart. An ihrem Hinterende trägt sie ein Horn, dessen Zweck noch unbekannt ist. Sie lebt an Labkrautarten. Viele Schwärmerraupen ernähren sich von giftigen Pflanzen und sind so als Vogelbeute ungenießbar.

Die Larven der Teichmuschel werden mit dem Atemwasser ausgestoßen und sinken zu Boden. Nur an einem Fisch können sie sich zur Muschel weiterentwickeln.

Die Teichmuschel

Lebensraum:	Teiche mit schlammigem Grund
Größe:	etwa 20 cm
Nahrung:	winzig kleine Pflanzen und Tiere, die im Wasser schweben
Lebenszeit:	über 20 Jahre
Feinde:	viele Wasservögel
Besondere Merkmale:	ihre Schale besteht aus zwei Hälften, die durch einen Muskel fest zusammengehalten werden
Typisches Verhalten:	Graben sich im Schlamm ein und durchpflügen mit ihrem Fuß den Teichboden, bei klarem Wasser kann man ihre langen Furchenstraßen am Grund gut erkennen.

Diese Larven hatten Glück. Sie konnten sich an der Schwanzflosse eines Fisches verankern. In den nächsten drei Monaten ernähren sie sich vom Blut ihres Wirtes. Dem Fisch schaden sie damit nicht.

Zwischen Steinen, Sand und abgestorbenen Pflanzenresten am Boden eines Teiches leben viele Tiere. Libellenlarven lauern auf Beute. Die Larven der Köcherfliegen durchstöbern den Schlamm nach Nahrung. Röhrenwürmer pendeln ständig mit ihrem Hinterende, um sauerstoffreiches Wasser herbeizustrudeln.

Hier unten im Halbdunkel lebt auch die Teichmuschel. Sie schützt ihren weichen Körper mit einer festen Kalkschale. Diese Schale besteht wie der Einband eines Buches aus zwei Hälften. Ein starker Muskel hält die beiden Hälften fest zusammen. Die Teichmuschel steckt mit dem Vorderende ihres Körpers tief im Schlamm. Mit ihrem Hinterende filtert sie das Wasser. Dafür besitzt sie zwei röhrenförmige Öffnungen. Durch die eine strudelt sie trübes Wasser ein, durch die andere fließt das gefilterte Wasser wieder nach draußen. Der feine Wasserstrom durch ihren Körper versorgt die Teichmuschel mit Sauerstoff zum Atmen und mit einer Vielzahl feinster Nahrungsteilchen. Das sind winzige Pflanzen und Tiere, die im Wasser schweben.

Mit diesem Wasserstrom werden aber auch die Samenzellen des Teichmuschelmännchens transportiert. Das Männchen stößt sie aus, und das Weibchen strudelt sie in seinen Körper ein. Dort werden die Eier befruchtet. Aus den befruchteten Eiern entwickeln sich kleine Larven, man nennt sie Glochidien. Sie werden mit dem Atemwasser ausgestoßen und schwimmen im Teich, immer auf der Suche nach einem Fisch. Nur wenn sie einen Fisch finden, an dem sie sich mit ihren Greifzähnen festklammern können, entwickeln sie sich zu jungen Muscheln. Glochidien, die das nicht schaffen, müssen zugrunde gehen. Haben sie aber Glück und können sich an einem Fisch verankern, leben sie in den nächsten drei Monaten vom Blut ihres unfreiwilligen Gastgebers. Dann ist ihre Entwicklung zur Muschel abgeschlossen, der Fisch wird nicht mehr gebraucht. Sie lösen die Verankerung, sinken zu Boden, graben sich im Schlamm ein und leben geruhsam weiter.

Wusstest du,

dass Muscheln das Wasser filtern und damit unsere Teiche sauberhalten? In einer Stunde reinigt eine Muschel vierzig Liter Teichwasser.

Die Larve der Teichmuschel: Bewaffnet mit kleinen Greifzähnen an den Schalenrändern und einem langen Klebefaden als Treibanker ist sie auf der Suche nach einem Fisch.

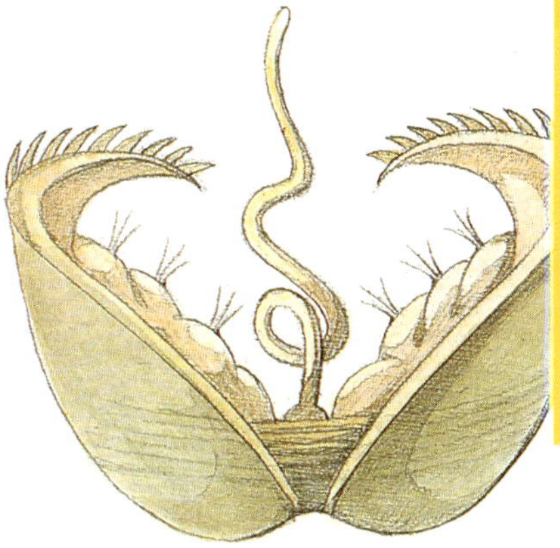

In jedem Jahr wächst die Muschelschale ein Stück. Wenn du eine Muschel in die Hand nimmst, fühlst du viele feine Rillen. Jede Rille bedeutet ein Jahr Wachstum.

Mit seinen kräftigen Klauen hat der Ameisenbär einen Termitenhügel aufgebrochen. Er steckt seine lange Zunge in die Gänge und frißt Termiten, bis er satt ist. Kaum hat er sich entfernt, beginnen die überlebenden Termiten mit der Reparatur ihres Baus. Hunderte von männlichen und weiblichen Termiten-Arbeitern verschließen die Lücke. Als Baumaterial dienen Kot, Sand, Erde und Holzstückchen. Solange der Bau offen ist, können räuberische Insekten eindringen. Daher sichern Soldaten die Baustelle nach allen Seiten ab. In ihren riesigen Köpfen sitzen die Muskeln für die mächtigen Unterkiefer und eine Giftdrüse. Schon vor Jahren hatten eine Königin und ein König diesen Termitenstaat gegründet. Viele Generationen von Termiten haben einen neuen Termitenhügel gebaut. Erste Gänge lagen noch unter der Erde. Darüber entstand ein fester, stabiler Bau. Luftschächte, Gänge und Kammern durchziehen ihn. In der größten Kammer leben Königin und König. Die Königin legt Eier, aus denen sich Arbeiter und Soldaten entwickeln. Alle sind blind und erkennen sich nur am Geruch und durch Betasten.

Von Zeit zu Zeit entwickeln sich geflügelte Geschlechtstiere aus den Eiern. Sie verlassen den Staat, fliegen umher und lassen sich auf Zweigen oder dem Boden nieder.

Die Termiten

(viele Arten)

Größe: ein bis wenige Zentimeter
Nahrung: Holz
Feinde: Ameisenbären, räuberische Insekten
Besondere Merkmale: staatenbildende Insekten; bis auf die geflügelten Tiere sind alle blind

Haben sich ein Termitenweibchen und ein Termitenmännchen gefunden, werfen sie ihre Flügel ab. Die beiden suchen ein Versteck und werden Königin und König eines neuen Termitenstaates.

Im Termitenstaat gibt es geflügelte Geschlechtstiere (1). Daraus entwickeln sich Königin (2) und König. Aus den Eiern, welche die Königin legt, schlüpfen Arbeiter (3) und Soldaten (4). Soldaten übernehmen die Verteidigung. Sie haben eine Drüse am Kopf. Daraus spritzen sie bei Gefahr Gift. ▼

Kaum hat der Ameisenbär den zerstörten Termitenbau verlassen, sichern Soldaten die Baustelle ab. Arbeiter bessern die Schäden aus. Das Schirmdach ist heil geblieben. Der Regen kann ablaufen, und der Bau bleibt trocken. ▶

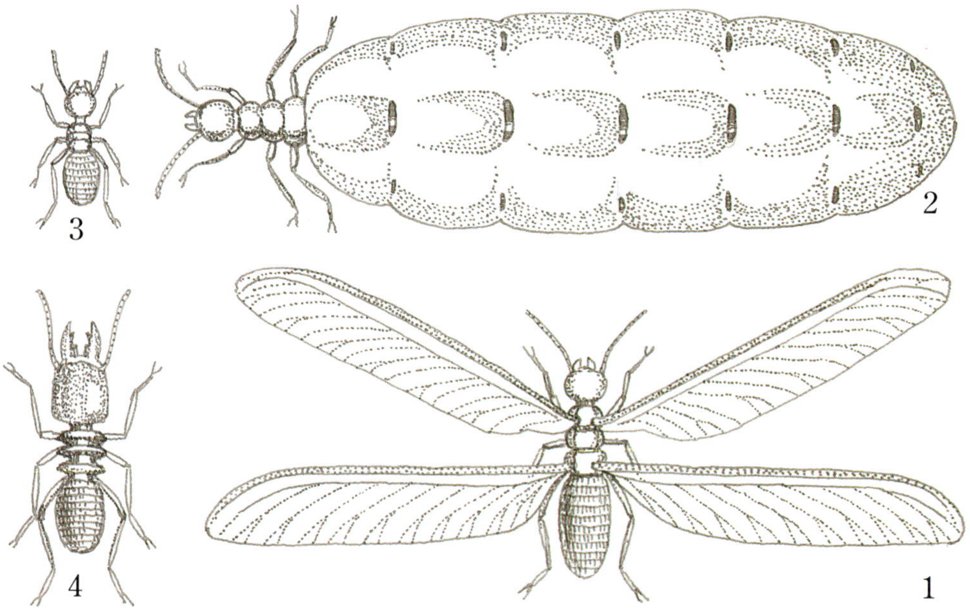

Wusstest du,

dass Termiten nur deswegen von Holz leben können, weil Kleinstlebewesen in ihrem Darm ihnen bei der Verdauung helfen?

Im dichten, asiatischen Dschungel ist das Streifenmuster des Tigers eine gute Tarnung. Die Menschen am anderen Ufer bemerken ihn gar nicht.

Wer wagt es, den Tiger an seinem Badeplatz zu stören? Tiger sind nämlich, im Gegensatz zu vielen anderen Katzen, überhaupt nicht wasserscheu. Sie lieben es, in der Hitze des Tages ein kühles Bad zu nehmen. Die Menschen am anderen Ufer brauchen den Tiger aber nicht zu fürchten. Tiger sind klug, sie kennen die Waffen ihrer einzigen Feinde und meiden den Menschen. Nur alte und schwache Tiger greifen manchmal Menschen an.

Früher war Shir-Khan, der Tiger, wirklich der Herrscher des Dschungels. Seit aber die Menschen immer mehr Wälder roden und Felder anlegen, ist sein Reich geschrumpft. Jeder Tiger braucht ein Revier von 20-180 km^2 (so groß wie eine Stadt), das er mit Urin und einem Sekret aus Drüsen am Hinterteil markiert. Wehe, ein anderer Tiger beachtet die warnenden Duftmarken nicht. Dann kann es zum Kampf kommen. Nur Tigerinnen mit ihren Jungen duldet er neben sich.

Der Tiger

Größe: bis 210 cm; Schwanz 60-110 cm; Schulterhöhe 80-110 cm
Gewicht: Tiger 180-280 kg; Tigerin 115-185 kg
Nahrung: Wildrinder, Antilopen, Hirsche, Wildschweine
Feinde: nur der Mensch
Besondere Merkmale: dunkle Streifen auf gelbem bis rötlichem Untergrund; messerscharfe Hinterkante der Eckzähne

Den seltenen Sibirischen Tigern machen auch die eiskalten Wintertemperaturen nichts aus. Im Gegensatz zum indischen Tiger ist ihr Fell etwas heller.

Stell dir vor,
der Sibirische Tiger ist mit rund 2,80 m Länge (mit Schwanz fast vier Meter) die größte Katze der Welt.

Zur Paarungszeit schließen sich die Einzelgänger für ein paar Tage einer Tigerin an. Nach der Paarung trennen sich ihre Wege wieder. Die Tigerin bringt nach drei bis vier Monaten zwei bis vier Junge zur Welt. Sie werden ein halbes Jahr lang gesäugt, dann beginnen sie Fleisch zu essen. Jeden Tag muss die Tigerin 50 kg Fleisch erjagen (ein Hirsch oder ein Wildschwein), damit alle satt werden.

Im Alter von einem Jahr lernen die Jungen unter Aufsicht ihrer Mutter zu jagen. Die Tigerin fängt ihnen junge, lebende Tiere. Daran üben die kleinen Tiger Anschleichen und Töten. Erst im Alter von zwei Jahren verlassen Tiger ihre Mutter und schlagen sich allein durch.

Auf dem Waldboden liegt eine tote Spitzmaus. Lange bevor ein Fuchs den feinen Aasgeruch wahrgenommen hat, ist ein kleiner Käfer zur Stelle, gerade zwei Zentimeter groß: der Totengräber. Er gehört zur Familie der Aaskäfer und hat seinen Namen völlig zu Recht, denn er

Der Totengräber

Lebensraum:	alle Wälder
Größe:	etwa 22 mm
Nahrung:	Aasfresser
Lebenszeit:	etwa 1 Jahr
Feinde:	Vögel, Spitzmäuse
Besondere Merkmale:	zwei rostbraune Querbinden auf den Flügeln
Typisches Verhalten:	vergraben tote Vögel und Mäuse und füttern damit ihre Larven

Wusstest du,

dass der Totengräber seine Feinde ganz geschickt täuscht? Mit den orangefarbenen Streifen auf seinem schwarzen Rücken täuscht er die Färbung einer Hummel vor und wenn er angegriffen wird, summt er sogar wie eine Hummel.

Auch Fleischfliegen sind Aasverwerter. Sie legen an toten Tieren aber nicht ihre Eier ab, sondern ihre Larven.

»begräbt« Tiere, die gerade gestorben sind – die tote Spitzmaus ebenso wie einen kleinen Singvogel. Du erkennst ihn an zwei auffälligen, orangefarbenen Streifen auf seinen kurzen, schwarzen Flügeln.

Dieser Käfer wittert tote Tiere auf große Entfernungen. Sein Geruchssinn in den Fühlern funktioniert ausgezeichnet. Als guter Flieger ist er auch schnell an Ort und Stelle. Dort ruft er mit einer Duftbotschaft ein Weibchen herbei. Natürlich bekommen auch andere Artgenossen Wind von dieser Botschaft und machen sich auf den Weg zur toten Maus. Alle zusammen wühlen die Erde unter dem toten Tier zur Seite. Bald haben sie um die Maus einen kleinen Erdwall aufgeschichtet, der höher und höher wird. Langsam, fast unmerklich, versinkt die Spitzmaus in der Tiefe. Schon nach wenigen Stunden ist ihr Grab fertig.

Aber dann geschieht etwas Merkwürdiges: Die Käfer beginnen eine heftige Rauferei um das tote Tier. Die Kämpfe dauern so lange, bis ein Käferpaar alle anderen vertrieben hat. Es krabbelt als Sieger in das Grabgewölbe hinunter und hat nun die Spitzmaus für sich allein.

Ganz uneigennützig wurde die Maus nämlich nicht verscharrt. Totengräber sichern auf diese Weise die Ernährung ihrer Larven. Das Weibchen legt um das tote Tier seine Eier in die Erde. Wenn nach etwa zwei Wochen kleine Totengräberlarven schlüpfen, erwartet sie Nahrung im Überfluss.

Totengräber sind nicht die einzigen Aasfresser. Käfer und Larven des Rothals-Aaskäfers leben ebenfalls von toten Tieren.

Etwa eine Woche lang ernähren sie sich von dem Tierkadaver, dann verpuppen sie sich. Im Spätsommer verlassen sie ihre Puppenwiege in der Erde und krabbeln als fertig entwickelte Totengräber ans Tageslicht.

Totengräber begraben eine Spitzmaus. Mit vereinten Kräften schieben sie die Erde um das tote Tier zur Seite.

Der Waldkauz

Lebensraum:	Wälder mit Lichtungen, Parks
Größe:	38 Zentimeter, etwa so groß wie eine Rabenkrähe
Nahrung:	Mäuse, Vögel, Frösche
Lebenszeit:	Höchstalter achtzehn Jahre
Feinde:	Uhu, Sperber
Besondere Merkmale:	großer runder Kopf; schwarzbraune Augen
Typisches Verhalten:	nachtaktiv, beobachtet von einer Sitzwarte aus seine Beute und stößt lautlos auf sie herab

Auf einer alten, knorrigen Eiche sitzt ein Waldkauz in der Nachmittagssonne und wärmt sich. Es dauert nicht lange, bis ihn Meisen, Grünlinge und Buchfinken entdecken, ihn laut schimpfend umkreisen und nach ihm hacken.

Der Waldkauz ist zwar ein Vogel der Nacht, aber manchmal kann man ihn auch während des Tages antreffen. Er nimmt gerne ab und zu ein Sonnenbad und das Gezeter der Singvögel stört ihn wenig. Nur wenn es zu viele werden, zieht er sich wieder in seinen Schlupfwinkel im Inneren der alten Eiche zurück.

Die kleinen Vögel verfolgen den Waldkauz nicht grundlos. Er ist ihr Feind. Als nächtlicher Jäger überrascht er schon ab und zu eine schlafende Meise, einen Grünling oder einen Buchfink, wenn er lautlos wie ein Gespenst durch die Baumkronen huscht. Am liebsten frisst er aber Mäuse und Maulwürfe. Sie machen immerhin fast drei Viertel seiner Nahrung aus. Auf Vögel als Beute greift er nur zurück, wenn er nicht genug Mäuse findet. Dann verschmäht er aber auch Frösche und Kröten, Käfer oder einen Regenwurm nicht, dann nimmt er alles, was sich ihm bietet.

Der Waldkauz jagt Nacht für Nacht durch die Dunkelheit. Auf der Suche nach Beutetieren streift er langsam wie ein lautloser Schatten über den Wald. Weil er feine Hornfäden an

Zwei junge Waldkäuze sitzen in der Abendsonne und wärmen sich. An ihrem quergestreiften, flaumigen Gefieder kannst du sie leicht erkennen. Junge Waldkäuze verlassen im Alter von vier bis fünf Wochen zum ersten Mal ihre Bruthöhle. Weil sie zu diesem Zeitpunkt noch nicht richtig fliegen können, landen sie oft ziemlich unsanft auf dem Erdboden. Meist klettern und flattern sie aber allein wieder in die Höhe.

Ein Waldkauz hat auf seinem nächtlichen Suchflug eine Waldmaus erbeutet. Jetzt ist er unterwegs nach Hause, wo er das Tier in Ruhe verspeisen wird. Er lässt nichts übrig. Waldkäuze fressen ihre Beutetiere ganz und gar.

Wusstest du,

dass Waldkäuze gerne in Menschennähe leben? Sie wohnen oft in Parks und Gärten und brüten auf Dachböden, in Scheunen und sogar in unbeheizten Schornsteinen.

den Kanten seiner Flügel hat, kann er völlig geräuschlos fliegen. Mit seinen großen Augen erkennt er eine Maus auch aus großer Höhe. Langsam gleitet er dann herab, lässt sich auf einem Ast nieder und beobachtet seine Beute. Erst im geeigneten Augenblick stürzt er sich auf die Erde. Auch das geschieht völlig lautlos. Unten am Waldboden braucht er dann aber seine Ohren, sonst würde er die Maus nicht finden. Der Waldkauz ist sehr weitsichtig, Dinge in nächster Nähe erkennt er nicht. Er sieht nicht, ob etwas Fressbares vor seinen Füßen liegt. Das muss er hören und ertasten. Könnte er das nicht, müsste er verhungern.

Ein Waldkauz beobachtet von seinem Ansitz aus die Umgebung.

Endlich geschafft, die lange Reise ist beendet. Schwerfällig wuchten die Walrosse ihre tonnenschweren Körper an Land und watscheln unbeholfen auf den Flossenfüßen weiter. Auf dieser Insel im Beringmeer verbringen sie den eisigen Winter. Das wachsende Packeis hat sie weit nach Süden getrieben.

Immer mehr Walrosse treffen ein. Jetzt, zur Brunftzeit, bevölkern unzählige Tiere den Strand. Dann kämpfen die riesigen Bullen miteinander. Ihre mächtigen Hauer sind furchterregende Waffen, doch die Tiere verletzen sich nie ernsthaft. Die stärksten Männchen sammeln einen Harem von Weibchen um sich.

Im Wasser verwandeln sich diese plumpen Kolosse in flinke und elegante Schwimmer. Sie können 10 Minuten unter Wasser bleiben und 80 Meter tief tauchen. Walrosse wühlen mit ihrer Schnauze den Meeresgrund auf und graben nach Muscheln. Gelegentlich fressen sie auch Fische oder sogar eine Robbe. Ein großes Walroß braucht jeden Tag 50 Kilogramm Nahrung.

Im Mai schmilzt das arktische Eis. Dann ziehen die Walroßherden wieder nach Norden. Unterwegs klettern die Weibchen auf eine Eisscholle und bringen ein Junges zur Welt. Bei der Geburt haben die Walroßbabys ein dichtes, weichhaariges Fell. Nach zwei Wochen können sie schon schwimmen. Im Alter von sechs Monaten beginnen die Jungen, feste Nahrung aufzunehmen. Sie werden aber noch zwei Jahre lang von ihrer Mutter gesäugt.

Auf dem Rücken, die Flossenfüße von sich gestreckt, ruht sich ein dickes Walroß aus. Ihre enorme Fettschicht hält den Körper schön warm.

Wusstest du,

dass Walrosse in der Sonne rosig aussehen? Bei Wärme wird ihre Haut besonders stark durchblutet.

Das Walross

Größe: bis zu 4 m lang
Gewicht: 1600 kg
Nahrung: vor allem Muscheln, aber auch Fische
Feinde: Schwertwale und Eisbären fressen die Jungen
Besondere Merkmale: Füße zu Schwimmflossen umgebildet; die Eckzähne wachsen immer weiter und werden bis 50 cm lang

Die arktische Kälte macht den Walrossen nichts aus. Unter der dicken, ledrigen Haut sitzt eine sieben Zentimeter dicke Fettschicht. Die hält den Körper schön warm. Bei zu großer Kälte tummeln sich Walrosse am liebsten im Wasser. Dort ist es immer noch etwas wärmer als auf den Eisschollen.

Ausgewachsene Walroßbullen sind viel massiger als die Walroßkühe. Sobald ein Gegner auftaucht, verwandelt sich dieser behäbige Koloß in einen angriffslustigen Kämpfer.

Das Warzenschwein kriecht mit dem Hintern zuerst in die Höhle. Der Kopf mit den mächtigen Hauern zeigt nach draußen. Kein Raubtier kommt an ihm vorbei.

Die kleinen Schweinsaugen starren angestrengt umher. Warzenschweine können nur sehr schlecht sehen. Ihre Feinde spüren sie mit den großen Ohren und ihrer feinen Nase auf. Anschleichende Raubkatzen achten nicht immer auf die Windrichtung. Deshalb erschnuppern Warzenschweine ihre Feinde meistens rechtzeitig. Ein wütender Keiler ist ein gefährlicher Gegner. Er ist mutig und stark. Seine mächtigen, nach oben gebogenen Hauer sind tödliche Waffen. Stürmt er mit gesenktem Kopf und hoch aufgerichtetem Schwanz los, verziehen sich die Angreifer.

Das Warzenschwein

Größe:	105-152 cm lang, Schulterhöhe 65-84 cm
Gewicht:	50-150 kg
Nahrung:	Gras, Samen, Knollen, Wurzeln
Feinde:	Löwen, Leoparden, Geparden, Hyänen, Wildhunde
Besondere Merkmale:	bis 60 cm lange, gekrümmte Eckzähne; Höcker seitlich am Kopf; lange Hals- und Rückenmähne

Kleine Warzenschweine bleiben immer in der Nähe der Höhle. Einer von den Großen paßt auf.

Schon die ganz kleinen Warzenschweine haben feste Schwielen auf ihren Handgelenken. Darauf knien die Tiere, wenn sie kurze Gräser und Samen verspeisen. In der Trockenzeit wird die Nahrung knapp, aber Warzenschweine finden immer noch irgend etwas. Sie wühlen mit ihren Rüsselschnauzen den Boden auf und graben nach Knollen und Wurzeln. Sogar ausgetrocknete Wasserlöcher können sie aufspüren. Sie graben so lange, bis sich Wasser sammelt. Wasser ist sehr wichtig für Warzenschweine. Jeden Tag nehmen sie ein Schlammbad. Sie können nämlich nicht schwitzen und brauchen den feuchten Schlamm zur Kühlung.

Warzenschweine leben in kleinen Rotten. Mehrere Weibchen, Jungtiere und ein Männchen bilden eine Familie. Nur die alten Keiler ziehen lieber alleine durch die Savanne. Jede Rotte bewohnt eine Erdhöhle. Meist ist es ein verlassener Erdferkelbau. Eine 3-5 m lange Röhre führt in die Wohnkammern, die bequem mit Gras ausgepolstert sind. Dort kommen gegen Ende der Trockenzeit auch die Frischlinge zur Welt.

Manchmal leben die Warzenschweine mit Bicncnessern zusammen. Diese Vögel bauen ihre Nester direkt über dem Hohleneingang in die Erde. Sie sind sehr wachsam und warnen die Warzenschweine vor Feinden.

Warzenschweine können mit ihrer Rüsselschnauze sehr gut den Boden aufwühlen.

Wusstest du,

dass sich Warzenschweine zum Essen hinknien? Ihre Beine sind so lang, dass sie den Boden anders nicht erreichen.

Warzenschweine lieben es, sich im Schlamm zu suhlen. Durch die dicke Schlammkruste kann kein Insekt stechen.

Webervögel

(viele Arten)

Größe: 12-25 cm
Nahrung: Körner, Grassamen, kleine Insekten
Feinde: Raubvögel, Schlangen
Besondere Merkmale: kräftiger Schnabel; die Männchen weben kunstvolle Nester

Wusstest du,

dass die Siedelwebervögel ein 5 m großes Nest bauen? Darin wohnen 20 - 30 Pärchen, jedes für sich.

An jeden Zweig haben die männlichen Goldwebervögel ein Nest gehängt. Sie sind viel bunter gefärbt als die Weibchen.

Aus Grashalmen und Blattstreifen baut dieser Webervogel sein kunstvolles Nest.

Er hat es geschafft! Ein Weibchen sitzt auf seinem Nest und interessiert sich für den kunstvollen Bau. Mit dem Rücken nach unten hängt der männliche Goldweber am Nest. Er ist viel auffälliger gefärbt als das Weibchen. Er ruft, zupft noch ein paar Halme zurecht, pendelt mit dem ganzen Körper hin und her und schlägt wild mit den Flügeln. All das dient nur dazu, das Weibchen anzulocken: »Schau her, habe ich nicht ein tolles Nest für unsere Kinder gebaut?«

Nur die Männchen der Webervögel bauen solche Nester. An einer Astgabel befestigen sie einen Ring aus harten Gräsern oder Blattstreifen. Aus vielen Halmen flechten sie zuerst eine kugelige Nesthälfte. Dort kommen später die Eier hinein. Zum Schutz gegen die heiße Sonne machen die Webervögel das Dach besonders dick. Dann bauen sie die Nestkugel zu Ende. Erst wenn alles fertig ist, wird der Eingang gebaut. Er zeigt immer nach unten. Andere Webervögel flechten sogar noch eine lange Einflugsröhre daran.

Das Weibchen prüft ganz genau, ob das Nest auch stabil ist. Dann erst paart sie sich mit dem Baumeister. Ist das geschehen, kümmern sich die Männchen nicht mehr um ihr altes Nest. Oft beginnen sie sofort mit dem Bau eines neuen. Bevor das Weibchen Eier legt, polstert sie die Unterlage mit besonders zarten Pflanzen weich aus. Nun muß sie noch 2 Wochen auf den Eiern sitzen. Nach dem Schlüpfen werden die Jungen drei Wochen lang gefüttert, dann sind sie flügge. In günstigen Jahren kann ein Weibchen zwei- bis dreimal brüten.

Nach der Brutzeit wechseln die prächtigen Männchen ihr Gefieder. Dann sehen sie viel unauffälliger aus.

Webervögel sind sehr gesellige Tiere, die in riesigen Kolonien brüten. Während der Balz hängen dann Hunderte von Nestern wie große kugelige Früchte in den Bäumen. Überall sind die Baumeister am Werk. Immer wieder flattern sie auf und holen neues Flechtmaterial. Dazu picken sie Löcher in ein Blatt, packen mit dem Schnabel zu, fliegen los und reißen einen Blattstreifen heraus. Andere Vögel suchen Nahrung für ihre Jungen.

Die hängenden Nester sind ein guter Schutz vor Nesträubern. Nur gegen die giftige, grüne Boomslang haben die Webervögel keine Chance. Diese Baumschlange kriecht einfach von den Zweigen herab, schlängelt sich durch den schmalen Eingang ins Nest und verspeist die Jungen.

Webervögel bauen ihre Nester immer mit anderen zusammen in einer Kolonie.

Jede Webervogelart baut ein anderes Nest. Aber alle benutzen dazu Pflanzenteile.

»Nun ziehen sie wieder fort.« Der Storchenbauer blickt ein wenig traurig hinüber zum Dach einer großen alten Scheune. Dort oben turnen zwei Storchenkinder auf ihrem Horst herum. Sie stehen am Nestrand, machen Luftsprünge und schlagen mit den Flügeln. Dann wagen sie es: Sie stoßen sich ab, lassen sich vom Wind nach oben tragen und – fliegen.

Ihr erster Flug führt die beiden auf eine große Wiese. Dort ist alles neu und aufregend. Zum erstenmal in ihrem Leben stehen sie vor einem Frosch. Aber sie wissen nicht, was sie mit ihm anstellen sollen. Woher auch? Bisher wurden sie von ihren Eltern immer mit vorverdauter Nahrung gefüttert. Störche bringen Beutetiere nie im Schnabel nach Hause. Alles, was sie finden, verschlucken sie und würgen es daheim im Nest wieder aus.

Auch nach dem ersten Ausflug kümmern sich die Storcheneltern noch eine Zeitlang um ihre Kinder. Sie schreiten mit ihnen durch die Wiese und zeigen ihnen, wie man Beute fängt. Die jungen Störche lernen schnell. Bald fressen sie alles, was ihnen vor den Schnabel kommt. Man hat beobachtet, daß ein einziger Jungstorch in einer Stunde vierundvierzig Mäuse, zwei junge Hamster und einen Frosch fing. Ein anderer erbeutete in einer Minute fünfundzwanzig Grillen.

Ende August packt die jungen Störche das Fernweh. Dann reisen sie nach Afrika, wo es keinen Winter gibt, wo sie immer genügend Frösche und Heuschrecken finden. Der Weg dorthin ist weit. Mehr als zehntausend Kilometer müssen die Störche fliegen. Dafür brauchen sie viele Wochen. Unterwegs können sie sich nur selten sattfressen, denn sie müssen weite Meere und große Wüsten überqueren. Erst am Ziel geht es ihnen richtig gut. Doch irgendwann zieht es sie zurück auf das Dach einer alten Scheune.

Störche verbringen den Winter in Afrika.

Dort lassen sie es sich richtig gut gehen.

Wusstest du,

dass junge Störche einen schwarzen Schnabel und schwarze Beine haben?

Störche leben gern in Menschennähe. Sie bauen ihre großen Nester auf Bauernhäusern, Scheunen und Ställen. Manchmal nisten sie sogar auf dem Kirchturm. Die Dorfbewohner freuen sich darüber. »Ein Storch auf dem Dach bringt Glück«, sagen sie.

Der Weißstorch

Größe:	etwa einen Meter groß, Gewicht drei Kilogramm
Nahrung:	Frösche, Mäuse, Regenwürmer, Heuschrecken
Lebenszeit:	etwa 25 Jahre
Feinde:	kaum natürliche Feinde, bedroht durch Stromleitungen und Nahrungsmangel
Besondere Merkmale:	lange rote Beine, roter Schnabel
Typisches Verhalten:	Männchen und Weibchen begrüßen sich mit Schnabelklappern

Das Wildkaninchen

Lebensraum:	Parks, Gärten, Heidelandschaft, Dünengelände
Größe:	etwas kleiner und kurzbeiniger als der Feldhase
Wohnung:	selbstgegrabener Bau in sandiger Erde
Nahrung:	Gräser, Kräuter, Wurzeln, im Winter oft Rinde
Feinde:	Fuchs, Wiesel, Hermelin, Greifvögel, Eulen
Lebenszeit:	bis zu 10 Jahre
Lebensweise:	Großfamilie

Auf der Wiese erwacht ein neuer Tag. Lange bevor die Sonne aufgeht und die Tautropfen zum Glitzern bringt, verlassen ein paar Wildkaninchen ihren Bau. Sie wollen sich im Schutz der Morgendämmerung satt fressen. Still und heimlich hüpfen sie durch das Gras und knabbern Kleeblätter ab. Sobald es richtig hell wird, machen sich die kleinen Langohren wieder auf den Heimweg.

Überall, wo der Boden locker und sandig ist, graben Kaninchenweibchen ihre Burgen. Kaninchenmännchen beteiligen sich nur selten an der Grabarbeit.

Ein Aufpasser ist immer dabei. Er hält hoch aufgerichtet Wache, während die anderen fressen.

Das Zuhause der Wildkaninchen liegt tief unten im Wiesenboden. Wenn du in ihr unterirdisches Dorf schauen könntest, würdest du viele weichgepolsterte Wohnkammern und Kinderstuben sehen. Alle sind durch ein weites Netz von Wegen und Straßen miteinander verbunden.

Wildkaninchen sind gesellige Tiere. Fast immer leben sie in großen Gruppen zusammen. In jeder Gruppe gibt es eine genau festgelegte Rangordnung: Ältere und stärkere Tiere nehmen eine wichtigere Stellung ein als jüngere und schwächere. Die Anführer der Gemeinschaft sind die kräftigsten und erfahrensten Männchen und Weibchen. Ihnen stehen im Bau die sichersten Räume und draußen die besten Futterplätze zu. Aber sie haben auch Pflichten: Sie müssen bei feindlichen Angriffen den Bau und seine Bewohner beschützen und sie müssen das Kaninchenrevier über der Erde verteidigen.

Jedes Jahr im Herbst erweitern die Kaninchen ihre Burg. Sie brauchen Platz , denn von März bis August kommen viele Kaninchenbabys zur Welt. Alle Jungkaninchen sind bei ihrer Geburt zart und hilflos. Sie haben kein wärmendes Fell und sie können weder sehen noch hören. Aber sie entwickeln sich rasch.

Schon nach vier Tagen bekommen die Kleinen am ganzen Körper ein weiches Haarkleid. Kurze Zeit später nehmen sie die Geräusche ihrer Umgebung wahr. Mit zehn Tagen öffnen sie die Augen und im Alter von drei Wochen verlassen sie zum ersten Mal den Bau. Sie begleiten die Mutter bei ihren Ausflügen auf die Wiese und lernen die vielen Gefahren dort kennen. Mit vier Wochen sind Kaninchenkinder erwachsen und versorgen sich selbst. Ihre Mutter ist zu diesem Zeitpunkt bereits wieder trächtig und beginnt mit dem Nestbau für den nächsten Wurf.

Stell dir vor,
Wildkaninchen trommeln bei Gefahr mit den Hinterpfoten auf den Boden. Damit warnen sie ihre Familie. "Ihr müsst jetzt blitzschnell im Bau verschwinden", bedeutet dieses Signal.

Diese zwei jungen Kaninchen müssen bereits für sich selbst sorgen. Noch sind sie sehr vorsichtig und bleiben lieber in der Nähe ihres Schlupfloches. Aber bald wird auch sie der Hunger auf die Wiese treiben.

Diese Kaninchenkinder sind etwa sechs Tage alt. Sie werden allein von ihren Müttern versorgt. Die Väter kümmern sich nicht um die Aufzucht der Kleinen.

Die ersten Tage nach der Geburt verbringen Frischlinge zusammen mit ihrer Mutter. Zum Säugen legt sich die Bache auf die Seite. So finden alle schnell ihre Zitze.

Wusstest du,

dass ein Frischling immer an derselben Zitze saugt? Nach zwei Wochen kennt jeder seine Zitze ganz genau.

Im ausgelassenen Schweinsgalopp rasen die Frischlinge über die Lichtung. An den Tarnstreifen ihres Fells seht ihr, daß sie noch sehr jung sind. Schon nach zwei Monaten verblassen die Streifen.

Kurz bevor die Frischlinge zur Welt kommen, suchen sich die Bachen ein Versteck. Sie wühlen eine Mulde in den Boden und schichten Zweige, Blätter und Gras auf. Größere Äste zerbeißen sie in handliche Stücke. Dieser Wurfkessel ist schön warm, denn die Kleinen werden im kühlen Frühjahr geboren. Bei der Geburt legt sich die Bache auf die Seite. Kaum auf der Welt, krabbeln die Babys sofort zum Bauch der Mutter und suchen nach einer Zitze. Jede Stunde müssen sie trinken.

Das Wildschwein

Lebensraum:	Wälder in Europa und Asien
Gewicht:	350-1200 g
Geschwister:	junge Bachen bekommen 1-5, ältere 4-10 Babys
Geburt:	nach etwa 4 Monaten
Feinde:	Bär, Luchs, Wolf
Dauer der Kindheit:	wird 3-4 Monate gesäugt; mit 18 Monaten erwachsen

Frischlinge schlafen viel. Sie kuscheln sich im Wurfkessel eng aneinander und wärmen sich gegenseitig.

Mutter und Kinder beschnuppern gegenseitig ihre Rüsselnasen. Am Geruch erkennen sie sich später immer wieder. Nach vier bis zehn Tagen wagen sich die Kleinen zum ersten Mal aus dem Wurfkessel heraus. Nach drei Wochen suchen sie feste Nahrung. Sie essen nun Eicheln, Wurzeln, Knollen und Käferlarven. Sind die Jungen kräftiger, schließen sich alle einer Wildschweingruppe, sie heißt Rotte, an.

Der Wolf

Größe: 160 cm; Schwanz 30–50 cm
Gewicht: 15–80 kg
Nahrung: Karibus, Moschusochsen, Elche, Schneehasen, Aas
Feinde: keine
Besondere Merkmale: schnelle und ausdauernde Läufer; leben in Rudeln

Der große, starke Leitwolf hebt seinen Kopf und heult. Die anderen stimmen ein. Von ihrem erhöhten Beobachtungsposten aus haben sie eine Karibuherde entdeckt. Wölfe können nicht nur hervorragend riechen, sondern auch ausgezeichnet sehen und hören. Rasch stoßen die anderen Wölfe des Rudels dazu.

Wölfe verständigen sich untereinander und gehorchen ihrem Leitwolf. Nur weil alle zusammenarbeiten, können sie so große Tiere wie Karibus oder Moschusochsen erlegen. Die Jagd beginnt. Gemeinsam stürmen sie auf die Herde los. Die Karibus stieben auseinander und rasen davon. Nur ein altes, krankes Tier kann nicht folgen. Der Leitwolf springt es an, hält es mit seinen kräftigen Eckzähnen fest und wirft es zu Boden. Blitzschnell sind nun auch die anderen Wölfe zur Stelle und beißen das Karibu tot.

Es gibt keinen Streit um die Beute. Zuerst darf immer der Leitwolf fressen. Mit den scharfen Reißzähnen zerfetzt er das Karibu. Erst wenn er satt ist, fressen auch die anderen. Einige Fleischbrocken bleiben übrig. Die Wölfe schleppen sie zu ihrer Höhle. Dort warten die hungrigen Jungen auf Nahrung. Sie lecken an den Schnauzen der Alten. Zähnefletschend würgen die großen Wölfe einen Teil der Nahrung vorsichtig wieder aus. Mit diesem Nahrungsbrei und den mitgebrachten Fleischresten füttern sie die Jungen.

Wölfe streifen das ganze Jahr über weit umher. Sie sind immer auf der Suche nach Beute. Nur im kurzen Frühling und Sommer bleiben sie an einem Ort. Ein Wolfsrudel besteht aus fünf bis zehn Tieren. Der Leitwolf hat eine Partnerin, mit der er viele Jahre zusammen bleibt. Nur diese beiden bekommen Junge. In einer Erdhöhle oder Felsspalte bringt die Wölfin fünf bis acht Welpen zur Welt.

Das gesamte Rudel kümmert sich um die Kleinen. Das stärkt den Zusammenhalt der Gruppe. Wenn die anderen gemeinsam auf Jagd gehen, bleibt ein Wolf als Babysitter zurück. Bis zum Herbst sind die Jungtiere stark genug, um mit dem Rudel auf Jagd zu gehen.

Viele Schauergeschichten nennen die Wölfe menschenfressende Bestien. In Wirklichkeit greifen sie nur sehr selten Menschen an. Trotzdem wurden sie immer wieder abgeschossen oder vergiftet. Im hohen Norden Europas sind sie daher sehr selten geworden.

Wölfe sind unermüdliche Jäger und trotzdem verspielt wie Hunde.

Wusstest du,

dass sich schlafende Wölfe im Winter zusammenrollen und die Schnauze mit dem buschigen Schwanz zudecken?

Der Leitwolf hebt den Kopf und heult. Er ruft sein Rudel zur Jagd.

Mit seinem zotteligen Fell und seinen schön geschwungenen, riesigen Hörnern sieht der Yak wie ein Urzeitrind aus. Tatsächlich ist er ein naher Verwandter des Auerochsen, von dem viele Rinder abstammen.

Die Heimat dieser massigen Tiere sind die Hochgebirge des Pamir und Himalaya in Asien. Schon vor über 2500 Jahren hatte man dort damit begonnen, aus dem Wildyak ein Haustier zu machen. Die Tiere sind sehr gut an ein Leben in unwegsamen, kalten Gebirgsregionen angepaßt. Aus diesem Grund leben heute auch kleine Herden von Hausyaks in den Alpen.

Der Yak

Größe:	größer und stärker als unsere heimischen Rinder
Nahrung:	Gras, Heu, Moos, Flechten
Feinde:	Wölfe
Besondere Merkmale:	gibt laute Grunztöne von sich; hält extreme Kälte aus; hervorragender Geruchssinn
Tragzeit:	etwa 9 Monate; ein Junges
Lebensraum:	kalte, karge Hochsteppen Asiens
Haustier:	seit rund 2500 Jahren in Asien

Dort, wo die Yaks herkommen, gibt es in 5000 m Höhe Moore, Sümpfe, Seen und viel Schnee. Deshalb haben Yaks stark verbreiterte Hufe, mit denen sie nicht einsinken können. Die Klauen an den Hinterbeinen sind gute Stützen beim Klettern in steilem Gelände.

Das Haarkleid der Yaks ist dicht und hängt an den Seiten mähnenartig herunter. Einmal im Jahr wird es geschoren und zu Wolle verarbeitet.

Der trittsichere Yak ist in den Gebirgsregionen Asiens für die Menschen unersetzlich, weil es für sie in der dünnen Luft des Hochgebirges sehr anstrengend ist, schwere Lasten zu tragen. Der Yakdung ist in der baum- und strauchlosen Hochebene äußerst wertvoll. Getrocknet ersetzt er das Brennholz. Mit Dung wird gekocht und geheizt. Die Yakmilch ist besonders fett und wird zu Sauermilch, Käse und Butter verarbeitet.

Wusstest du,

dass der Yak 900 - 1300 kg Last ziehen kann? Auch über längere Strecken kann er schweres Gepäck auf seinem Rücken transportieren.

Wenn Schneestürme über die Hochebenen fegen, stellt sich der Yak mit dem Rücken zum Wind. Regungslos verharrt er stundenlang im heftigsten Schneegestöber.

Wusstest du,

dass Eidechsen bei Gefahr ihre Schwanzspitze abwerfen können? Der lebendige weiterzappelnde Schwanz lenkt den Verfolger ab.

Zauneidechsen sind wahre Sonnenkinder. Sie gehören zu den wechselwarmen Reptilien und können daher ihre Körpertemperatur nicht, wie Vögel und Säugetiere, von innen her ausgleichen. Wird es kalt, müssen sich Zauneidechsen in ihre sicheren Verstecke zurückziehen und reglos auf besseres Wetter warten. Deshalb sind sie nur vom Frühling bis in den Herbst draußen zu beobachten. Die scheuen Zauneidechsen brauchen trockene, warme und geschützte Plätze. Trockenmauern, Lesesteinhaufen und ungenutzte Streifen entlang der Gartenzäune sind ganz nach ihrem Geschmack.

Erst wenn die Sonne so hoch steht, daß sie kräftig wärmt, traut sich die Zauneidechse aus ihrem Versteck zwischen Steinhaufen oder einem Mauseloch hervor. Noch schwerfällig sucht sie sich einen Sonnenplatz auf einem warmen Stein. Wenn ihre Körpertemperatur angestiegen ist, wird die Eidechse aktiv und beginnt ihre Jagd nach Käfern, Fliegen, Spinnen, Asseln und Heuhüpfern.

Eidechsen wachsen, wie alle Reptilien, ihr Leben lang. Da ihr Hornschuppenkleid nicht wie unsere Haut mitwächst, müssen sie es regelmäßig abstreifen. Darunter haben sich schon die neuen Hornschuppen gebildet. Nach der ersten Häutung im Frühjahr zeigen die Zauneidechsenmännchen dann ihr prächtiges, grasgrünes Hochzeitskleid. Bis es zur Paarung mit einem Weibchen kommt, kämpfen die Männchen heftig, aber unblutig miteinander. Wer einmal das Glück hatte, solch einen Rivalenkampf mit seinen Drohgebärden zu beobachten, der mag sich in die Welt der Saurier zurückversetzt fühlen. Im Garten sitzen und beim Anblick unserer Zauneidechsen von Sauriern träumen, – dafür lohnt es sich schon, den Garten eidechsenfreundlich zu gestalten.

Die Zauneidechse

Größe:	etwa 20 cm
Nahrung:	Würmer, Schnecken, Insekten, Spinnen; junge Artgenossen
Fortpflanzung:	Paarung von April bis Juni; legen 5–15 Eier in feuchte, lockere Erde; Junge schlüpfen nach 5–9 Wochen
Feinde:	Katze; Schlingnatter
Besondere Merkmale:	auf der Rückenmitte braunes Band mit hellen Flecken; Männchen im Frühjahr mit leuchtend grünen Flanken
Typisches Verhalten:	sehr scheu; wärmt sich in der Sonne auf; wird bei Kälte träge

Zauneidechseneier werden von der Sonne ausgebrütet. Nach fünf bis neun Wochen schlüpfen die etwa drei Zentimeter langen Jungen. Sie tragen ein Babykleid mit vielen weißen Flecken. Sofort müssen sie selbständig kleine Insekten jagen und sich vor den erwachsenen Artgenossen in acht nehmen.

Eidechsen brauchen geschützte Sonnenplätze im Garten. Dort tanken die Tiere regelmäßig Wärme. Dicht beim Sonnenplatz muß sich die Zauneidechse auch schnell verstecken können.

Mit einem elektronischen Meßgerät kann man die Stromstöße des Zitteraals sichtbar machen. ▼

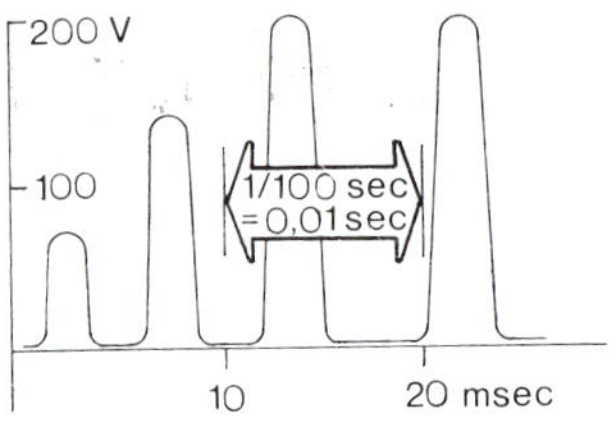

▲ Im ruhigen Wasser solcher gewundenen Flußschleifen lebt der Zitteraal.

Auf unserem Bild darf der Zitteraal in klarem Wasser schwimmen, damit du ihn gut erkennst. Die Flüsse in seiner Heimat sind schlammig und trübe. Der Zitteraal kann trotzdem mit einer Art elektrischem Radar alles gut »sehen«. Gerade hat er einen Fisch mit Stromstößen betäubt und wird gleich seine wehrlose Beute verschlingen. ▼

Der Zitteraal

Größe:	2,40 m lang
Gewicht:	15–20 kg
Nahrung:	Fische, Kleintiere
Feinde:	keine
Besondere Merkmale:	nachtaktives Raubtier; erzeugt Stromstöße

Wenn der Zitteraal durch das Wasser schwimmt, erzeugt er schwache Stromstöße. Hindernisse oder Beutetiere verändern die Signale. Elektrische Sinnesorgane in der Haut des Zitteraals nehmen sie wieder wahr. Hat er ein Beutetier entdeckt, betäubt er sein Opfer mit einem starken Stromstoß. Damit kann der Zitteraal sogar Menschen für kurze Zeit lähmen.

Drei Viertel des langen Fischkörpers sind wie eine lebende Batterie. Darin werden schwache Nervenströme vielfach verstärkt. Den Zitteraalen schadet der eigene Strom nicht. Man vermutet, daß sie sich mit Stromstößen verständigen. Forscher haben eine Batterie ins Wasser gehalten und Stromstöße erzeugt. Sofort schwammen neugierige Zitteraale herbei.

Die Stromstöße sind eine so furchtbare Waffe, daß der Zitteraal keine Feinde zu fürchten braucht. Meist ruht er irgendwo in einer Flußbiegung und taucht nur ab und zu auf, um Luft zu schnappen. Ein leichtes Schlängeln seiner langen Afterflosse unten am Bauch, und schon gleitet er elegant durch das Wasser.

Männchen und Weibchen des Zitteraals sehen gleich aus. Sie paaren sich an versteckten Orten.

Wusstest du,

dass Zitteraale zum Atmen an die Wasseroberfläche kommen müssen?

Die Zwergmaus

Lebensraum:	Getreidefelder, Schilfstreifen am Ufer von Seen und Flüssen
Größe:	etwa 7 cm lang und 5 g schwer
Wohnung:	Sommernest an Getreide - oder Schilfhalmen, Winternest am Boden
Nahrung:	Getreidekörner, Beeren, Insekten und deren Larven
Feinde:	Wiesel, Hermelin, Kornweihe, Maulwurf
Lebenszeit:	2 bis 5 Jahre
Lebensweise:	Einzelgänger

Stell dir vor,
die Zwergmaus vergisst manchmal, ein Schlupfloch in ihr Nest einzubauen. Dann geht sie einfach mit dem Kopf durch die Wand.

Im Sommer baut die Zwergmaus ihr Kugelnest am liebsten im Halmwald von Weizenfeldern. Und im Herbst, wenn die gelben Stengel abgemäht sind, versteckt sie ihr Heim zwischen dichten Grasbüscheln unter einer Hecke.

Im Weizenfeld, mitten in einem Meer gelber Halme lebt die Zwergmaus, unser kleinstes Säugetier. Sie misst vom Kopf bis zum Schwanz gerade sieben Zentimeter und wiegt nur knapp fünf Gramm, nicht einmal halb so viel wie eine Kohlmeise.

Kleine und schwache Tiere wie die Zwergmaus sind für viele größere Tiere eine leichte Beute. Wollen sie trotzdem überleben, müssen sie sich gut verstecken. Die Zwergmaus hat einen verborgenen Wohnort gefunden. Ihr Zuhause hängt wie ein Vogelnest in den Spitzen der Weizenhalme. Zwischen den Ähren findet sie so schnell keiner ihrer hungrigen Feinde. Da fühlt sich die winzige Maus sicher. Um nichts auf der Welt möchte sie mit einem ihrer Verwandten unter der Erde tauschen. Dort unten würde ihr ständig der Maulwurf nachstellen. Sie könnte nie in Ruhe schlafen.

Die Zwergmaus ist eine Baumeisterin allerersten Ranges. In nur fünf bis zehn Stunden flicht sie aus Grashalmen und fein zerfaserten Blättern ein Nest, das ist so rund und dick und warm, dass ihre Kinder darin selbst im ärgsten Gewitterguss gut geschützt sind. Trotzdem ist es nicht mehr zu gebrauchen, wenn die kleinen Zwergmäuse groß sind. Zwergmauskinder sind sehr lebhaft. Schon wenige Tage nach ihrer Geburt toben sie ausgelassen herum. Mit kaum zwei Wochen sind sie im Nest nicht mehr zu bändigen. Sie drängen nach draußen, wollen an den hohen Halmen im Wind schaukeln und die Wärme der Sonne spüren. Und sie wollen die Umgebung erkunden.

Eine Weile kommen die jungen Zwergmäuse von ihren Ausflügen noch nach Hause zurück. Dann, eines Tages, bleiben sie weg. Sie haben sich irgendwo selbst ein kuscheliges Nest in die wogenden Halme gehängt. Ihre ersten eigenen Heime sehen nicht sehr schön aus. Die Kleinen müssen erst noch lernen, wie man Grashalme und Blätter fest miteinander verflicht. Aber Übung macht den Meister, auch bei Zwergmäusen.

Zwergmausweibchen bekommen in einem Sommer dreimal Junge und für jeden Wurf bauen sie ein neues Nest.

Tier	Tiergruppe	Lebensraum	Verbreitung
Ameise	Insekt	Alle Lebensräume	Weltweit
Anakonda	Reptil	Regenwälder	Südamerika
Biber	Säugetier	Auwälder, Flüsse, Seen	Europa, Asien, Nordamerika
Blindschleiche	Reptil	Wälder	Europa, Nordafrika, Kleinasien
Blutströpfchen	Insekt	Wiesen	Europa
Brüllaffe	Säugetier	Regenwälder	Südamerika
Chamäleon	Reptil	Wälder	Afrika, Südasien, Südspanien
Dachs	Säugetier	Wälder, Waldränder	Europa, Asien
Dingo	Säugetier	Alle Lebensräume	Australien
Dromedar	Säugetier	Wüstenlandschaften	Nordafrika, Arabien
Eichelhäher	Vogel	Wälder	Europa, Asien, Nordafrika
Eichhörnchen	Säugetier	Wälder, Parks	Europa, Asien
Eisbär	Säugetier	Eisflächen, Eisberge, Inseln	Arktis
Eissturmvogel	Vogel	Küsten, Klippen	Nördliche Meere, Arktis
Eisvogel	Vogel	Bäche, Flüsse	Europa, Afrika, Südasien
Elch	Säugetier	Feuchte Wälder	Hoher Norden
Elefant	Säugetier	Wälder, Savannen	Afrika
Esel	Säugetier	Warme und trockene Lebensräume	Weltweit als Haustier
Eulenfalter	Insekt	Alle Lebensräume, vorwiegend Regenwälder	Weltweit
Faultier	Säugetier	Regenwälder	Süd- und Mittelamerika
Feldhase	Säugetier	Steppen, Kulturlandschaften	Europa, westliches Asien
Fledermaus	Säugetier	Alle Lebensräume	Weltweit
Fuchs	Säugetier	Wälder, Tundra, Kulturlandschaften	Europa, Asien, Nordamerika
Fuchskusu	Säugetier	Wälder	Australien
Gartenhummel	Insekt	Wiesen, Gärten	Europa
Gaukler	Vogel	Savannen	Afrika
Gelbrandkäfer	Insekt	Teiche, Seen	Europa, Asien
Gerenuk	Säugetier	Trockene Savannen	Ostafrika
Giraffe	Säugetier	Savannen	Afrika
Graureiher	Vogel	Teiche, Seen	Europa, Afrika, Asien
Grizzly	Säugetier	Wälder, Tundra	Nordamerika
Gürteltier	Säugetier	Alle Lebensräume	Süd- und Mittelamerika, südliches Nordamerika
Hamster	Säugetier	Steppen, Kulturlandschaften	Europa, Asien
Helmkasuar	Vogel	Regenwälder	Nordostaustralien
Hoatzin	Vogel	Regenwälder	Südamerika
Honigbiene	Insekt	Kulturlandschaften, Gärten	Weltweit durch Menschen verbreitet
Hornisse	Insekt	Wälder, Kulturlandschaften, Gärten	Europa, Asien
Huhn	Vogel	Haustier	Weltweit als Haustier
Igel	Säugetier	Wälder, Steppen, Kulturlandschaften, Gärten	Europa, Asien
Jaguar	Säugetier	Regenwälder, Savannen	Süd- und Mittelamerika
Karpfen	Fisch	Ruhige Flüsse, Seen, Teiche	Weltweit durch Menschen verbreitet
Kleiner Fuchs	Insekt	Wiesen, Gärten	Europa
Koala	Säugetier	Eukalyptuswälder	Australien
Kohlmeise	Vogel	Wälder, Kulturlandschaften, Gärten	Europa, Asien, Nordostafrika
Kolibri	Vogel	Alle Lebensräume	Amerika
Koralle	Nesseltier	Küstengewässer	Weltweit in allen Meeren
Kreuzspinne	Spinnentier	Alle Lebensräume	Weltweit
Leistenkrokodil	Reptil	Flussmündungen, Küsten, Mangrovensümpfe	Südasien, Ozeanien, Nordaustralien
Lemming	Säugetier	Tundren	Hoher Norden
Leopard	Säugetier	Alle Lebensräume	Afrika, Asien
Libelle	Insekt	Teiche, Seen, Bäche	Weltweit

Tier	Tiergruppe	Lebensraum	Verbreitung
Löwe	Säugetier	Savannen, Steppen, Halbwüsten	Afrika, Westindien
Luchs	Säugetier	Wälder, Tundren	Europa, Asien, Nordamerika
Marienkäfer	Insekt	Alle Lebensräume	Weltweit
Maulwurf	Säugetier	Wiesen, Wälder, Parks, Gärten	Europa, Asien
Mäusebussard	Vogel	Wälder, Kulturlandschaften	Europa, Asien
Mauswiesel	Säugetier	Alle Lebensräume	Europa, Asien, Nordafrika, Nordamerika
Meerotter	Säugetier	Küsten	Nordpazifik
Mungo	Säugetier	Lichte Wälder, Steppen	Südasien
Nonne	Insekt	Wälder	Europa, Asien
Ozelot	Säugetier	Wälder, Savannen	Süd- und Mittelamerika, südliches Nordamerika
Panda	Säugetier	Bambuswälder	China
Papagei	Vogel	Wälder, Buschland	Weltweit außer Europa
Papageientaucher	Vogel	Felsküsten, Inseln	Nordatlantik
Pfeilgiftfrosch	Säugetier	Tundren	Süd- und Mittelamerika
Polarfuchs	Amphibie	Regenwälder	Australien
Riesenkänguru	Säugetier	Trockenes Gras- und Buschland	Hoher Norden
Riesenkrake	Weichtier	Meer	Weltweit in allen Meeren
Ringelnatter	Reptil	Teiche, Bäche	Europa, westliches Asien, Nordwestafrika
Rothirsch	Säugetier	Wälder	Europa, Asien, Nordafrika
Rotkehlchen	Vogel	Wälder, Parks	Europa, Westasien, Nordafrika
Schimpanse	Säugetier	Regenwälder	Afrika
Schleiereule	Vogel	Alle Lebensräume	Weltweit
Schnabeligel	Säugetier	Alle Lebensräume	Australien
Schnabeltier	Säugetier	Bäche, Flüsse, Seen	Ostaustralien
Scholle	Fisch	Küstengewässer	Nordostatlantik
Schwertwal	Säugetier	Meer	Weltweit in allen Meeren
Seehund	Säugetier	Küstengewässer, Sandbänke, Wattenmeer	Nordatlantik, Nordpazifik
Spatz	Vogel	Kulturlandschaften, Siedlungen	Europa, Asien, Nordafrika
Spitzmaulnashorn	Säugetier	Buschsavannen, Trockensteppen	Afrika
Stichling	Fisch	Küstengewässer, Süßgewässer	Europa, Asien, Nordamerika, Nordafrika
Stockente	Vogel	Teiche, Seen	Europa, Asien, Nordamerika, Nordafrika
Strauß	Vogel	Savannen, Steppen, Halbwüsten	Afrika, Vorderasien
Taubenschwänzchen	Insekt	Wiesen, Gärten	Europa, Afrika, Asien, Nordamerika
Teichmuschel	Weichtier	Teiche, Seen	Europa, Nordasien
Termite	Insekt	Alle Lebensräume	Weltweit (vor allem Tropen und Subtropen)
Tiger	Säugetier	Wälder, Dschungel, Grasland	Asien
Totengräber	Insekt	Wälder, Wiesen	Europa, Asien, Nordamerika
Waldkauz	Vogel	Wälder, Parks, Siedlungen	Europa, Asien, Nordafrika
Walross	Säugetier	Eisflächen, Flachküsten	Arktis, Nordatlantik, Nordpazifik
Warzenschwein	Säugetier	Savannen, Steppen	Afrika
Webervogel	Vogel	Gras-, Busch- und Baumlandschaften	Afrika, Europa, Asien, Australien
Weißstorch	Vogel	Wiesen, Felder, Sümpfe in der Nähe von Siedlungen	Europa, Asien, Afrika
Wildkaninchen	Säugetier	Kulturlandschaften, Parks	Europa, Nordafrika (durch den Menschen in Australien und Südamerika)
Wildschwein	Säugetier	Wälder, Dschungel, Sümpfe	Europa, Asien, Nordafrika
Wolf	Säugetier	Wälder, Tundren, Steppen	Europa, Asien, Nordamerika
Yak	Säugetier	Gebirgssteppen	Asien
Zauneidechse	Reptil	Wiesen, Gärten	Europa, westliches Asien
Zitteraal	Fisch	Tropische Flüsse	Südamerika
Zwergmaus	Säugetier	Felder, Schilf am Ufer von Seen und Flüssen	Europa, Asien

Diese Seite heißt in der Fachsprache der Verlage »Impressum«. Oft steht sie auch am Anfang eines Buches, und immer erfährt man daraus, wer dieses Buch gemacht hat: Der Autor oder die Autorin, Illustratoren und Fotografen – Männer und Frauen – die Mitarbeiter und Mitarbeiterinnen in den Verlagen und in den technischen Betrieben wie Setzerei, Reproanstalt, Druckerei und Binderei.

An diesem Buch haben besonders viele Autorinnen und Autoren, Illustratorinnen und Illustratoren mitgewirkt: Geschrieben haben Dr. Eva-Maria Dreyer, Christiane Gohl, Wolfgang Hensel, Klaus Richarz, Christine Wolfrum und gemalt haben Susanne Bräunig, Wolf U. Friedrich, Udo Kruse-Schulz, Gunther Peter, Heinz-Helge Schulze, Hildburg Thiemeyer, Harald Vorbrugg, Anne Wertheim, Konrad Algermissen, Reiner Zieger.

Umschlaggestaltung: eStudio Calamar, Pau/Girona, unter Verwendung von Illustrationen von Hildburg Thiemeyer, Heinz-Helge Schulze und Wolf U. Friedrich und 5 Farbfotos von Silvestris Fotoservice, Dr. Michael Herzog, H. Reinhard/Reinhard Tierfoto (2) und H. Reinhard/Tierbildarchiv Angermayer.

Mit 155 Farbfotos von:
T. Angermayer/Tierbildarchiv Angermayer, Holzkirchen (S. 73, 173 links unten, 179); Dr. H. Brehm, Schrozberg-Spielbach (S. 190); R. Cramm/Juniors Bildarchiv, Ruhpolding (S. 96 unten); R. Cramm, Langenhagen (S. 189 oben rechts, 205); G. und H. Denzau, Essen (S. 123); A. Dießner/Juniors Bildarchiv, Thalfingen (S. 81); H.D. Dossenbach, Schlatt (S. 130 oben, 137, 155); M. und H.D. Dossenbach, Schlatt (S. 170, 189 unten rechts); W. Dreyer, Probsteierhagen (S. 87); B. Eichhorn/D. Zingel, Wiesbaden (S. 60 Mitte); E. Elfner/Tierbildarchiv Angermayer, Holzkirchen (S. 27, 47, 144 rechts, 194); Bildarchiv R. Fieselmann, Eningen (S. 171 Mitte); Bildagentur Geduldig, Engelsbrand (S. 22, 52 unten, 57 oben links); J. Gilliéron, Genf (S. 189 unten links); Dr.W. Hensel, Bornheim-Rösberg (S. 148 links unten); M. Herzog, Kaufbeuren (S. 17, 135 unten); R. Holzapfel/Juniors Bildarchiv, Thalfingen (63 rechts); Institut für Auslandsbeziehungen, Stuttgart (S. 24); G. Kalden, Frankenberg/Eder (S. 38 oben); R. König, Kiel (S. 15, 59, 100, 115 beide, 116, 125, 141, 142, 143, 157, 168, 169 beide, 180, 181); G. Körtner, Marburg (S. 153); S. Köster/Tierbildarchiv Angermayer, Holzkirchen (S. 96 links); E. Kretzschmar, Dortmund (S. 186); H. Kuczka, Wetter (S. 121); H. Lange/Tierbildarchiv Angermayer, Holzkirchen (S. 101, 130 unten, 148 links oben); W. Layer, Mannheim (S. 189 oben links und Mitte); L. Lenz, Cochem (S. 193); A. Limbrunner, Dachau (S. 26 links, 79 alle 4, 88, 99); P. Mayall, München (S. 23); Mettke/Hofmann, Rottenacker (S. 52 Mitte); M. Meyer/Juniors Bildarchiv (S. 57 oben rechts), Ruhpolding; S. Meyers, Leipzig (S. 63 unten); S. Meyers, Chemnitz (S. 163 oben); H. Pfletschinger/Tierbildarchiv Angermayer, Holzkirchen (S. 4, 7, 13 beide, 55, 76 Mitte, 107 alle 5, 113 beide, 173 rechts unten, 201); F. Pölking/Juniors Bildarchiv, Ruhpolding (S. 35, 105); F. Pölking, Greven (S. 104); F. Pölking/ Tierbildarchiv Angermayer, Holzkirchen (S. 165); E. Pott, Stuttgart (S. 76 unten); Reinhard Tierfoto, Heiligkreuzsteinach (S. 29 rechts, 30, 36, 41 beide, 51, 67, 132, 144 links, 159, 164, 184); H. Reinhard/Reinhard-Tierfoto, Heiligkreuzsteinach (S. 10, 11, 52 oben, 71 oben, 90, 110, 128 unten, 139, 146, 148 oben, 195, 196); H. Reinhard/Tierbildarchiv Angermayer, Holzkirchen (S. 29 links, 71 unten, 82, 171 unten, 182, 183); F. Sauer, Karlsfeld (S. 14 beide, 38 unten, 60 unten rechts, 187 unten); H. Schneider, Landau (S. 174 beide); Sunset Silvestris Fotoservice, Kastl (S. 19, 128 oben, 160); G. Synatschke, Rotenburg/Wümme (S. 21 beide); U. Walz, Wohltorf (S. 57 Mitte rechts, 186 oben); G. Wendl/Tierbildarchiv Angermayer, Holzkirchen (S. 162 unten); M. Wendler, Welden (S. 8, 42, 84, 202); J. Westphalen, Hamburg (S. 134); K. Wothe, München (S. 49, 94, 95, 135 oben); G. Zeininger, Unterschleißheim (S. 26 rechts, 28, 32 beide, 124); G. Ziesler/Tierbildarchiv Angermayer, Holzkirchen (S. 65, 68, 74, 127, 167, 173 rechts oben).

Die Deutsche Bibliothek – CIP-Einheitsaufnahme
Ein Titelsatz für diese Publikation ist bei der Deutschen Bibliothek erhältlich.

ISBN: 3-440-08139-7
Printed in Czech Republic/Imprimé en République tchèque
Layout: Friedhelm Steinen-Broo, eStudio Calamar, Pau/Girona
Herstellung und Satz: Die Herstellung, Stuttgart
Reproduktion: Repro Schmid, Stuttgart
Druck und Bindung: Těšínská Tiskarna, Česky Těšín